여성농민이 쓰는
여성농민 이야기

우리는 아직 철기시대에 산다

여성농민이 쓰는
여성농민 이야기

우리는 아직 철기시대에 산다

글·구점숙

도서
출판 **한국농정**

생명을 키우는
그 강한 힘으로
세상의 당당한 주체로
살아갑니다.

그렇게
역사를 만들어 가는
아름다운 여성농민 이야기입니다.

여성농민이 쓰는
여성농민 이야기

우리는 아직 철기시대에 산다

차 례

1장.
니들이 호미를 알아? ● 15

니들이 호미를 알아?
삼시 세끼, 오매 징한거
나물공화국의 비밀병기, 참기름과 참깨농사
나, 여성농민이야
가정의 달 5월이 싫어
보장과 눈치 사이
텃밭농사도 손 맞춰
한국의 여름은 1초도 아름답지 않은 시간이 없습니다?
#곡우파종 #여성농민 #희망
공간의 재구성
내 통장으로 주거니 받거니
친환경 실천의 고수
선진지 견학을 준비하는 총무 아내의 마음
부부가 꼭 같이 농사를 지어야 돼요?

2장.
담장을 넘는 생각들 ● 47

재활용품 분리수거 날의 소요
품앗이, 사람살이의 정수
작목반에 가입하며
생명을 일구는 사람들의 완강함이란
아이 좋아라, 여성농민 바우처카드
새해 영농교육을 다녀와서
실험정신을 허하라
여성농민,지방선거 후보에게 요구한다
우리를 연구해주세요
새해에는 가계부 쓰는 재미가 있는 삶
지역사회에 대한 지극히 정치적인 생각
부녀회장 안 하겠답니다
추석맞이 우리 동네 노래자랑
봄날의 정치적인 상념
축제와 나그네
밥차를 요구합니다
여성농민, 농협한테 할 말 많다 전해라~
농촌 고3 엄마는 새가슴
농민수당이라면서요?
'몸뻬바지'도 유행이 있는데 '평등명절'은 유행도 없나?
농번기에는 공동급식으로 가즈아!
누구를 위한 농업인의 날?
여름정산, 단합대회의 민주화

3장.
농사 비나리 ● 99

태풍, 가난한 사람들에게 더 위력적인
농기계, 있어도 골병! 없어도 골병!
우리는 아직 철기시대에 산다
그런데 농업은요?
기우 비나리
아프지 말거나 대신해 주거나!
40대 농사꾼 보호 프로젝트
농기계 박람회를 다녀오면서
장에서 농산물 파는 할아버지를 본 적 있나요?
바쁠 때는 같이 바쁩시다
농사, 달리 말하고 달리 듣기
그 똑똑한 컴퓨터도 못하는 농사
농민들 자존감 높이기는 온 세상이
농사일만 해도 모자라는 시간
연휴에는 농촌 일손 나누기
최고의 나눔은 참여랍니다
고래 싸움에 새우 등 터지는지도 모르고

여성농민이 쓰는
여성농민 이야기

우리는 아직 철기시대에 산다

차 례

4장.
농약 칠 때 싸우지 않으면 부부 아니다? ● 141

농약 칠 때 안 싸우면 부부 아니다?
복숭아도 눈치껏 먹어야지…
감정노동도 나눕시다
들판 내 성희롱
화가 나면 못할 짓이 없다?
바보야, 문제는 가부장 문화!
사랑은 행동으로
낙태죄가 헌법 불일치! 무슨 말이랴?
실수의 양면
에어 콤푸레샤 그까짓 것
샤워법으로 보는 남녀 차이 분석보고서
싱크대 앞의 남편, 멋져부러!
아버지들의 요리 경연, 어때요?
봄철 제3차 부부대전
성범죄 공화국의 민낯
오늘의 당신을 지지합니다!
성장통
손님맞이
칭찬이 고래도 춤추게 하기는 하는데…
친정아버지 백수연

5장.
노령화, 천의 얼굴 ● 189

농촌 고령화, 천의 얼굴
딱 10년 후가 궁금해요
어머니와 씨앗
니들이 참깨 농사맛을 알아?
수다 권하는 사회
시어머니의 팔순
고령 여성농민의 명복을 빕니다
권력의 이동
기초연금 수령, 미안해하지 마세요
스마트폰맹 시대
어머니, 저녁에는 통닭 시켜 먹어요

6장.
도자씨를 응원합니다 ● 217

도발적인 도자씨, 사랑해요
남동생 뒷바라지 그만해라
40대 여성농민, 힘내라
바닷가 공동체 언니들
민자이장님을 응원합니다
한국의 당당한 여성농민으로
여성농민 공동체, 희망의 증거
여성농민 공동체, 희망의 증거2
재촌탈농은 죽 이어지고
재촌탈농2
회장님 회장님 우리 회장님
낭만살이
새지매 공동체
우리 안의 미자씨
희망방정식

책을 내면서

 여성농민 이야기를 주제로 책을 내게 되었습니다. 몇 년 전 한국농정신문의 제안을 받고서 신문의 한 꼭지를 쓰기 시작한 것이 발전되어 책으로 엮인 것입니다. 칼럼이 칼럼집으로 둔갑하는 일은 흔한 일이라 구태여 그 의미를 달 이유까지 없지만, 책의 내용이 조금 눈여겨 볼만하지 않나 싶어서 몇 마디 보태 봅니다.

 하루에도 몇 백 권씩 출간되는 수많은 책 중에 여성농민의 삶을 온전히 다룬 책은 없습니다. 간혹 나이 드신 여성농민 분들의 삶이 시나 수필집으로 서점의 한 코너를 장식하는 일은 있지만 여성농민의 일상과 노동의 의미를 해석해서 기록한 책은 전무 하다시피 합니다. 우리네 먹거리가 여성농민의 손을 통해 완성되는데도 말입니다. 그래서 계획에도 없던 칼럼집을 출간하게 된 것입니다. 물론 여성농민의 존재적 가치를 온전히 담았다고 하기에는 부족하지만요.

 여성농민, 익숙하고 친근하게 들리면서도 동시에 묵직함과 애환이 느껴집니다. 이는 아는 사람만 아는 정서입니다. 힘든 농사일과 끝없는 가사와 마을 일을 하면서도 세상에서 제 자리가 없습니다. 가령 어떤 직원이 사무실에 제일 일찍 출근해서 청소하고 업무 보고 손님 대접에 뒷마무리까지 깔끔하게 처리하는데, 책상이 없고 직급이 없고 월급도 없다 하면 적절한 비유일까요? 여성농민의 삶이 그것과 얼추 비슷하다고 보면 딱 맞을 것 같습니다. 그래서 스스로를 무급노동자라고 부르기도 합니다.

 몇 년 동안 칼럼을 쓰면서 한 번도 운 적이 없는데 이 구절을 쓰다가 나도 모르게 눈물이 핑 돕니다. 하지만 애환은 여기까지이고, 세상이 알아주지 않는다 하여 원망한다거나 탓하지 않습니다. 오히려 생명을 키우는 그 강한 힘으로 세상의 당당한 주체로 살아갑니다. 하기에 여성농민이 있는 곳에는 어디든지 웃음소리가 끊이지 않고 먹을거리가 만들어지고 사랑이 샘솟습니다. 막힌 곳은 돌아가고 없던 길은 만들어 내고 넘어진 이들은 일으켜 함께 갑니다. 그렇게 역사를 만들어 가는 아름다운 여성농민 이야기입니다.

　이 책은 아무나 아무 쪽을 펼쳐서 순서 없이 읽어도 좋겠지만 기왕이면 여성농민이 읽었으면 좋겠습니다. '나는 왜 이리 못나고 힘들게 살까?'를 고민하는 여성농민들이 읽으면서 기운을 얻게 되면 좋겠고, 여성농민과 함께 사는 남성농민들도 '실수의 양면' 같은 꼭지를 그 뜻을 음미하며 읽어보면 더욱 좋겠습니다. 농관련 공무원들은 '농업인의 날이라면서요?'라는 꼭지를 봐 주시고 농협 관계자들도 문장마다 죄다 암기해서 조합 운영에 적극 반영했으면 좋겠다는 욕심을 내 봅니다. 아, 귀농·귀촌하는 분들도 농촌문화를 이해하는데 조금은 도움이 되기도 할겁니다.

　책이 나오기까지 애써 주신 한국농정신문과 특히 '여성농민으로 산다는 건'이라는 코너를 만든 원재정 부국장에게 진심으로 고마움을 전합니다. 가뜩이나 까칠한 눈을, 긴 시간 글을 쓰면서 더욱 예리하게 해 주었고, 그것이 쌓여 책이 되었으니까요. 또 근원적인 여성농민의 시각을 지속해서 갖도록 해 주는 전국여성농민회총연합에게도 사랑의 마음을 전합니다. 그리고 언제나 건강하고 멋지게 살아가는 주변의 모든 여성농민 분들에게 늘 고마운 마음을 전합니다. 당신들에게서 배우고 또 배우며 영감을 얻습니다. 그러니 이제는 좀 더 당당하게 세상에 제 목소리를 내도 좋겠습니다. 거기에 조금이라도 보탬이 된다면 충분합니다.

2019년 11월

구 점 숙

1장

니들이 호미를 알아?

니들이 호미를 알아?

　이곳은 몇몇 대농가들을 빼고는 모심기가 마무리 되어 갑니다. 대농가라고 해도 김제나 나주 들녘들 농가에 비하면 어린애들 장난 같은 수준이지만, 그래도 이 섬땅에서 백 마지기 넘는 농사면 입을 쩍 벌릴 정도입니다. 올봄, 낮은 밤 온도 때문에 모 농사를 망친 농가들이 적지 않습니다. 육묘장에서 모를 사서 심는 농가가 많았는데 그마저도 여의치 않은 농가들은 어린 모를 심었습니다. 그래서 초기 물관리에 애를 많이 먹었습니다. 잠기면 녹고, 물이 안 가면 풀이 자라게 되니까요. 해마다 짓는 농사지만 해마다 다른 것이 바로 이런 까닭입니다. 그러니 이즈음의 인사는 "모는 다 심었는가"입니다. 그 말의 속뜻은 이제 큰일은 다 끝내고 좀 편안은 하냐, 그동안 큰일 하느라 애썼다의 다른 표현이지요. 이 와중에 윗녘에는 가뭄으로 논이 마르고 밭이 시들어 걱정이라지요? 대주기 가뭄이 어쩌고 하는 이야기에 점괘처럼 귀가 솔깃해집니다.

　모심기를 끝내는 것이 농사일의 끝은 아닙니다. 농민들은 죽어야 일이 끝나는 것이지 한 철 농사 끝은 긴장의 이완 수준인 정도라고 말합니다. 이제 그동안 논농사 돌보느라 미뤄뒀던 밭농사가 줄지어 기다리고 있습니다. 깨 솎고 고추 고랑의 풀도 메고 줄치는 것으로 시작해서 콩밭 등 잡초로 뒤덮여가는 구석구석의 밭을 돌봐야 합니다. 정말이지 오뉴월 하루 볕의 힘을 절감할 수 있는 시기입니다.

　이럴 때면 역시나 호미를 든 여성농민의 손길이 바빠집니다. 시원한 아침저녁으로 밭고랑 사이사이를 비집고 다니며 손보기를 몇날 며칠 동안 해야 밭이 밭다워 보입니다. 다른 나라에서도 호미 비슷한 농기구를 쓰는 나라가 있기는 있다지만 전 세계적으로 우리나라 남부지방에서 쓰는, 손잡이가 짧은 종류의 호미는 거의 없다고 합니다. 손잡이가 짧은 까닭은 몸을 더 낮춰서 땅바닥 가까이서 정교한 손놀림을 하려는 것이지요. 하긴 저 넓은 북미 평원이나 유럽에서 한 가구당 몇십 만평 씩의 농사를 짓는데 호미로 뭘 하겠습니까? 혹은 일 년 열두 달 따뜻한 지역에서 느긋하게 짓는 농사에 호미는 또 무슨 소용이 있겠습니까? 좁디좁은 땅덩어리에서 나락 옆에 콩을 심고, 깨밭 사이의 풀을 맬 때나 호미가 필요한 것이지요. 남부지방으로 갈수록 짧고 작은데 제주의 것이 제일 작다고 하니 제주 여성농민의 손놀림이 얼마나 빠르고 야무질지 아니 보아도 눈에 선합니다. 너른 들에서 설겅설겅 일하는 것이 아니라 좁디좁은 땅에서 알뜰하게 농작물을 키워내느라 쪼그려 앉기도 마다않는 고달픈 노동의 상징이 바로 호미입니다.

 그 야무짐이 세계적 수준이라고 칭찬이지만 칭찬 속에는 아픔이 숨베어 있습니다. 쪼그리고 앉아서 일하는 자세가 근골격계통에 얼마나 많은 질환을 가져오는지 모릅니다. 특히 척추질환과 골반뼈 뒤틀림의 주원인입니다. 전 세계 수많은 노령의 여성농민들이 우리나라 여성농민들처럼 허리가 뒤틀리고 다리 길이가 차이나는 경우는 드뭅니다.

 우리나라 여성농민은 다부지고 야무져서 이제껏 잘해 왔으니 이대로 둬도 된다구요? 아닙니다. 누군가는 한국의 식량자급과 다양한 식재료의 주동력인 여성농민의 몸을 귀하게 여겨야 합니다. 그래야만 지속가능성이 있습니다. 호미 끝에 호미보다 가벼운 경량모터를 달고, 호미보다 싼 가격으로 보급하는 등 어떻게 해서라도 이 문제를 해결해야 힙니다. 어렵다구요? 달나라 별나라도 가는 세상에 뭐가 안 되겠습니까? 고민이 없을 따름이지.

삼시 세끼, 오매 징한거

 따지고 보면 폭염이 기승을 부린 것은 한 열흘 남짓이었는데도 그 더위는 참으로 견디기 어려웠습니다. 날 새기가 무섭게 기온이 오르고 선풍기도 샤워도 소용이 없었습니다. 농촌에서는 정서적으로나 실용적으로 맞지않다고 당초부터 가질 계획이 없던 에어컨도 상당히 유혹적이었습니다. 나는 더위 안 탄다고, 정월대보름날 더위를 유난히 많이 타는 주위 사람들의 더위를 사준 것이 원망스러울 정도였습니다. 게다가 가만히 있는 것조차 힘겨운데 매 끼니를 챙기는 것은 정말 고역일 수밖에요.

 초여름 갓 열매 맺은 호박이나 오이, 가지 등의 채소들은 단맛이 나고 부드럽고 신선해서 맛나지만, 한여름 가뭄에 자란 것들은 질기고 쓴맛에다가 여름내 먹은 탓에 지겹기 짝이 없습니다. 그것들을 하루는 생채로 또 다음엔 숙채로, 구이에 냉채까지 기억에 있는 모든 요리법들을 다 동원해서 찌지고 볶고 굽고 삶으며 삼복더위에 불 앞에 살았습니다.

 새벽이나 해거름의 그 짧은 시간을 틈타서 고추를 따거나 여름작물들 관리하면서도 어김없이 식사시간이면 불 앞에서 '맛난' 식사를 준비하는 이것은 분명 천형인 게야, 그러지 않고서야 이렇게 일 할 수는 없다고 수없이 되뇌었습니다.

 때마침 텔레비전에서는 '삼시세끼'를 손수 해먹는 젊은 남자 연예인들의 생활이 방영되고 있습니다. 삼시 세끼 밥해 먹는 중노동이 그들에게는 마치 놀이처럼 보입니다. 새로이 출연하는 사람들의 또 다른 요리기술에 놀라워하며 즐깁니다. 아, 도대체 이 차이는 뭘까? 똑같은 행위가 누구에게는 고역으로, 또 누구에게는 즐거움과 깨달음에 돈벌이까지 가능하다니 참 다른 세상이로구나.

텔레비전 속의 삼시 세끼 준비는 마당 한가운데 화덕을 설치해 놓고 수많은 사람들의 시선과 또 카메라를 통해 전 국민의 시청 속에서 진행됩니다. 일부의 연출이 있다 하더라도 그 자체로도 충분히 격이 생깁니다. 반면 우리네 부엌은 대단히 사적인 공간입니다. 전통적으로 부엌은 집안의 가장 구석진 곳에 자리해서 그 안에서 일하는 사람의 노동이 공유되지 않습니다. 다른 가족들도 함께 요리에 동참하여 어려움을 나누는 방식이 아니라 오롯이 그곳의 책임을 맡은 사람, 즉 아내 혹은 엄마의 몫이 돼버리고 다른 가족들은 결과물만 공유합니다. 그것도 짜다, 싱겁다 등의 품평까지 곁들여서 말입니다.

밥이 질다며 도구 친다고 삽을 가져오라시던 친정아버지의 역정도 기억납니다. 아마도 집집마다 밥맛을, 또는 밥 준비 시간을 핑계로 밥상을 엎은 어른들의 전설(?)이 있을 것입니다. 그 관습은 꽤 오래도록 남아서 오늘날 밝고 넓고 삐까뻔쩍 씽크대에서도 전승되고 있나 봅니다. 그 무더위에서의 삼시 세끼 준비가 얼마나 고단했는지를 잊은 채, 당연히 받아들이는 모든 이에게 고합니다. 만인은 법과 밥 앞에 평등할지니 밥 준비도 그리 하시라!

삼시 세끼는 요리 기술 문제가 아니라 관점의 문제이며 관계의 문제인 바, 그 준비의 중차대함을 공유하라! 밥상 위에 수저를 놓는 것으로 함께 식사준비를 했다는 착각에서 벗어나 불 앞에 직접 서시도록! 아직 늦더위가 남았습니다. 여전히 불 앞에 서는 것은 고역인데 우리는 삼시 세끼를 먹습니다.

나물공화국의 비밀병기, 참기름과 참깨농사

팥 없는 살림은 되어도 콩 없는 살림은 안 된다 하고, 마찬가지로 깨 없는 살림은 살아도 고춧가루 없이는 못 산다고 어른들께서 일러주셨습니다. 아마도 우리 식생활에서 콩이나 고춧가루의 비중을 말하는 것이겠지요. 그렇더라도 팥에 깨를 빗대는 것은 좀 과하다 싶습니다. 떡이나 죽 등의 특별식에 쓰이는 정도의 팥과 온갖 반찬에 다 들어가는 참기름과는 애시당초 비교할 바가 못 되니까요. 생각해보면 300여 가지가 넘는 나물을 먹는 우리 민족의 지혜는 참기름과 깨소금의 공으로 돌려도 무방할 것 같습니다. 다 자라면 독초가 되는 풀도 어린 시절에는 나물로 둔갑을 하고, 잎이 세지면 못 먹게 되는 풀들도 야들야들 부드러울 때면 못 잊을 추억의 나물이 되고는 하니까요. 독이 없는 무맛의 풀을 데쳐서 간을 하고 비장의 양념인 참기름 한 방울을 떨어뜨리면 기막힌 맛으로 재탄생을 하니 이른바 '나물공화국'이라 불러도 별스럽지 않은 것이지요.

그러니 나이 드신 어른들이 계시는 집안이라면 한 뼘의 땅에라도 깨를 심습니다. 값싼 수입깨로 짠 참기름과 비교할 바가 못 되는 내 손표 참기름 맛을 포기할 수가 없으니까요. 참깨농사를 짓는 사람들은 지역마다 깨농사를 짓는 비결들이 있기 마련입니다. 이곳 남해의 여인들은 밭마늘을 뺄 때 참깨 씨앗을 뿌려서 깨농사를 짓습니다. 그 어떤 방법보다 발아율이 높다며 순전히 깨농사를 위해 밭마늘을 심기도 하는 것입니다.

한 자리에 한 포기의 깻대를 세우기 위해서 얼마의 노력이 들어가는지 제대로 아는 이들은 많지 않을 것입니다. 물론 트레이에 깨모종을 키워 이식을 한다면 모르겠지만 적어도 깨농사에서는 파종법이 더 선호되는지라 복잡한 과정이 따릅니다. 깨씨가 작으니 깨순도 작고 여리지요. 그런 깨모종은 거세미나방 애벌레가 제일 좋아하는 먹이이기도 합니다. 그러니 벌레한테 뺏기는 분량까지 계산해서 여러 포기를 키워야하는 것이지요. 여러 포기의 깨를 키우다가 깨모종이 혼자서도 쓰러지지 않고 서 있을 때까지 적어도 세 번 정도 솎아줘야 비로소 제 자리를 지킬 수 있습니다.

깨를 솎을 때면 쪼그리고 앉거나 허리를 구부린 채로 일을 합니다. 이랑 안에서 여린 깨모종 사이를 헤집고 다녀야 하므로 작업방석에 앉지도 못하는 것이지요. 농사일 중 노동강도가 가장 센 자세가 바로 쪼그려 앉기와 허리 굽혀 일하기입니다. 잠시는 몰라도 그 자세로 몇 시간 일하는 것은 거의 묘기 대행진 수준입니다. 초보일꾼들이 가장 힘들어하는 자세가 바로 이 자세이기도 하지요. 그런데도 글쎄 여성농민은 그 어려운 일을 해내고 마네요. 무릎이나 허리가 아파 수시로 병원을 가면서도 포기하지 않는 참깨 농사, 참기름 사랑을 무엇으로 표현할 수 있을까요?

생각해보면 우리 사회의 다양한 문화는 어려움을 기꺼이 감당하는 사람들의 수고로움으로 이루어지는 것 같습니다. 대부분의 것을 사고파는 첨단 자본주의의 시대에도 사지도 팔지도 않는 것들이 많이 있지요. 상품이 되지 않는 것들의 상당수는 여성들의 노동과 연결되어 있습니다. 힘들지만 기꺼이 감당하면서도 주장하지 않는 묵묵함이 세상의 한켠을 지켜내고 있는 것이지요. 거기에 여성농민들이 있습니다. 수천 년 전통의 나물 문화를 이어갈 비장의 무기가 바로 참깨이고 그 농사를 기꺼이 감당해 내고 있으니 말입니다. 혹 길을 가다가 낯모르는 여성농민이 깨밭을 손보고 있다면 겉으로든 속으로든 고마움을 표현해 주시라고 당부드리고 싶습니다.

나, 여성농민이야

'나, 이대 나온 여자야!'라는 영화 대사처럼 자만심 가득한 자랑거리가 나에게도 있었으니, 1977년도 초등학교 입학을 하자마자 반장이 된 것입니다. 요즘이야 학급반장 선출에 남녀가 구별이 없지만 1977년도만 해도 응당 남학생들이 반장을 하고 여학생들은 부반장을 하던 시절이라 제법 파격인 셈이었지요. 물론 지금처럼 선출도 아니었고 담임선생님께서 지명하는 방식이었던지라 입학하자마자 어떻게 선생님의 눈에 들었는지는 지금도 궁금합니다. 다만 굳이 유추해 본다면 숫자쓰기 신공 때문이지 않았나 생각합니다. 입학한 지 며칠 안 된 어느 날, 선생님께서 산수공책에 1부터 10까지 써 보라고 하셨습니다. 그런데 말귀를 잘 못 알아들은 탓에 남들이 반듯하게 10까지 쓸 때 나는 삐뚤삐뚤 100까지 쓴 것입니다. 위로 오빠가 셋. 어깨너머로 숫자를 배우고 입학했으니 숫자 쓰기는 뭐 식은 죽 먹기였습니다. 예나 지금이나 성질은 꽤 급했던 모양입니다. 그리고는 곧장 반장으로 지목되었던 것입니다.

그러고서 반장 역할을 잘 했냐면 뭐 별로였습니다. 종례 전 숙제검사 시간에 선생님 앞에서 오줌을 싼 기억도 여러 번 있거니와, 밥 먹는 것이나 잠자는 등 매일 하는 일은 제외하고서 그날의 특별한 사건이나 생각을 쓰라고 했건만, 노란 알루미늄 둘레 밥상에 둘러앉아 식구들끼리 밥을 먹는 그림일기를 부지기수로 썼습니다. 교육청에 제출할 것이라고 잘 하라는 격려는 아랑곳없이 한 방에서 온 식구들이 이불을 덮고 잠자는 모습도 제법 그렸지요. 그러니 그 초등학교 1학년 여자 반장의 명예는 하나도 없던 것입니다. 어쨌거나 숫자쓰기 신공도 나름의 실력이라 생각하고 마흔이 다 되도록 이화여자대학교를 나온 듯한 자부심을 마음속에 묻어 두고 살았습니다.

그러고도 남는 의문 한 가지, 대체 숫자쓰기가 뭐라고 선생님께서 나에게 반장을 지목하셨을까? 라는 것입니다. 묻고 묻던 끝에 새로운 깨달음을 한 가지를 얻었습니다. 초등학교 1학년 때인 1977년도의 우리 담임선생님은 긴 생머리를 단아하게 묶은 처녀 선생님이셨습니다. 동네 언니들처럼 촌스럽지도 않고 일만 시키는 어른들과 달리 교양 있고 따뜻하고 고운 분이셨습니다. 그런 선생님께서 갓 교직 생활을 시작한 그 시절에도 성차별을 느끼셨나 봅니다. 다른 어떤 직업군보다 교사들이 느끼는 남녀차별이 덜 한데도 선생님께서는 분명 여성으로서의 정체성에 부딪히는 것이 있었던 모양입니다. 그러고는 그 당시 시골 학교에서는 전례가 없던 여자 반장을 세운 것입니다. 만약 그 어린 시절에 철이 들었더라면 선생님의 높은 뜻을 살려 쉬는 시간에 놀지 않고 화장실 다녀와서 반장다운 면모를 보였을 것을, 길을 걷다가 관찰한 물봉선화한테 반한 이야기며, 개울에서 송사리를 잡다가 놓친 안타까움도 일기로 써 볼 것을 말입니다.

지금 나에게 선생님처럼 스스로의 정체성에 부딪히는 일이 무엇이냐고 묻는다면 당연지사 여성농민 문제라고 말하고 싶습니다. 아침 일찍 일어나 밤늦도록 농사와 가사 일은 물론 지역을 돌보는 일을 하며 사회에 기여하는 데도 세상이 여성농민의 지위를 제대로 인정하지 않는 것, 그런데도 늘 당연히 알아서 잘 해줄 것을 바라는 세상의 눈높이에 대해서 파격을 던지고 싶다고 말할 것입니다. 그때 선생님께서는 작은 교실에서 절대자의 힘으로 지명을 행사할 수 있지만 여성농민은 그럴 수 없기에 힘을 모아야 된다고, 서로의 처지에 공감하고 연대하며 세상에 제 목소리를 내는 것만이 스스로 파격을 만드는 것이라고 하고 싶습니다. 때로는 제도와의 싸움이기도 하고 통념과의 싸움이기도 하고 가족과의 갈등이기도 합니다. 그래서 범주도 넓고 대상도 여럿이라 복잡하지만 출발은 스스로라는 것입니다. 이를 페미니즘, 또는 여성주의라 한다지요? 여성농민과 페미니즘, 멀고도 멀지만 세상은 점점 기울기가 회복될 테니까요. 그러면 이대 나온 여자라는 말보다 '나, 여성농민이야' 하는 말이 훨씬 멋지게 될 것입니다. 지금도 충분히 멋있지만요.

가정의 달 5월이 싫어

연한 잎들이 돋아나서 초록초록한 산과 들이 꽃보다 아름답습니다. 계절의 여왕 5월은 가정의 달입니다. 어린이날과 어버이날, 심지어 부부의 날도 있습니다. 그런데 세상에는 두 종류의 '5월'이 있는 것 같습니다. 도시의 5월과 농촌의 그것입니다. 이 두 5월은 사뭇 그 풍경이 다릅니다. 도시의 5월은 온갖 행사로 채워지는 나들이의 계절이고, 농촌의 5월은 이른바 파종의 시기인지라 때맞춰 씨 뿌리고, 모를 심는 그야말로 본격적인 영농철입니다. 그 바쁜 철에 온갖 식구들의 의미를 되새기는 날들이 겹쳐있으니 애가 탈 일이지요.

어버이날을 즈음해서는 외지에 나간 자식들이 고향을 방문하여 부모님께 인사를 드리고, 마을 어르신들에게 막걸리값이라도 드리며 효도의 마음을 표합니다. 도시에서 온 가까운 친지들이 기분 좋으라고 한 마디씩 인사를 합니다. "요새는 도시보다 농촌이 더 살기가 좋은 것 같아. 이렇게 싱싱한 먹을거리에, 공기 좋고…, 요새는 촌사람들이 쏨쏨이도 좋더라." 이 말에 그냥 마음이 상합니다. 그렇게 좋으면 당신들도 농촌에 살지, 왜 병원 가깝고 값싼 물건 지천인 도시에서 사는데? 무엇보다 애들 공부 때문이라도 다들 도시에서 사는 것 아냐? 하는 소리가 목구멍까지 올라옵니다. 쏨쏨이가 좋다고? 다른 데에는 아무 것도 못 쓰고 어쩌다 친구들 만나면 허세도 아닌 것이 사람 구실 해 보려고 한턱 쓰는 것, 계절이 어찌 돌아가는지도 모르고 주야장천 일에 파묻혀 살다가 알뜰하게 계를 모아서 동남아 여행 다녀오는 것으로 인생을 퉁치고 살 따름인데 뭐 쏨쏨이가 어떻다고? 어쩌다 값나가는 옷을 사 입더라도 틀어진 허리와 벌어진 다리,

새까맣게 탄 얼굴에 맵시라고 안 나는 이 촌티는 어쩌라고? 할 말이 참 많지만 속으로 삼키고 맙니다. 웃자고 던진 말에 죽자고 덤빌 수는 없으니까요. 기실 그 항변은 그들한테 해야 할 말도 아닙니다. 그냥 대상도 없이 억울한 마음에 세상을 향해 날리고싶은 말이니까요.

도시의 삶과 우리네 농촌 살이를 비교할 이유도 없거니와 새삼스레 이제와서 도회적 삶을 꿈꾸는 것도 아닙니다. 이미 떠날 사람은 다 떠난 농촌에서 그나마 여기서도 제법 구성지게 살 수 있다고 믿고 사는데도 형편이 나아지지 않으니 안타까울 따름입니다. 말해 무엇하겠냐만 도시 생활도 그 나름의 어려움이 있을 것이니 차라리 값싼 부러움보다는 고생이 많지 않냐고 따뜻하게 손을 잡아주는 것이 더 나은 연대법이겠지요. 그런데 뜬금없이 생각지도 못한 이유를 갖다 대며 농촌 살이가 낫다는 식의 위로라니 더 깊은 상처가 생깁니다. 어른들은 한술 더 떠서 며느리에게는 그리도 인색하던 칭찬을 마구마구 날려 줍니다.

그 바쁜 와중에 와줘서 고맙고, 대충 차린 음식도 맛나게 먹어줘서 고맙고, 이 복잡한 세상에서 씩씩하게 살아줘서 고마운 마음이 왜 없겠냐만, 마주하는 현실의 벽 앞에서 때때로 무너지는 것입니다. 내가 진 짐의 무게에 비해 도시민의 주말 나들이가 한없이 홀가분해 보이는 까닭에 심장이 상하는 것이지요.

내 귀에 대고 말해주는 사람은 없어도 또 속 깊은 누군가는 알 것입니다. 당신들이 그 어려운 조건에도 농사지어 주어서 삼시 세끼가 행복한 것이고, 당신들이 고향을 지키고 있어서 갈 곳이 있고, 당신들이 가꾸어 놓은 논밭이 아름답기까지 한 것이니 진심으로 고맙다고, 이렇게 돌아가는 길에 귀한 먹거리까지 한 보따리 챙겨주는 그 인심에 아직은 세상이 풍요롭다며 가정의 달 5월에는 진짜 수고하는 사람에게 아낌없는 박수를 주어야 한다고 누군가 말해준다면 분이 좀 풀릴까요?

보장과 눈치 사이

　본격 영농의 계절입니다. 잔잔한 봇물에 초록빛 산 그림자가 비쳐서 일렁이는 이맘때쯤이면 눈은 호사스러우나 몸은 열 개라도 모자랄 판입니다. 월동작물 수확에 1모작 모심기, 또 2모작 모내기 준비로 동에 번쩍 서에 번쩍 한량없이 바쁩니다.

　농사일도 아무리 바빠도 사람 사는 곳이면 틈틈이 모임들이 있습니다. 결혼식이나 장례식같은 대사는 물론이거니와 각종 계모임나 기관단체의 행사 등 갈 데도 많습니다. 갈수록 농민 수는 줄어드는데, 고만고만한 기존 모임은 그대로인 채 새로운 모임은 또 늘어갑니다. 특히 정권이 바뀌고 주요 농업정책이 바뀌면 그 사업을 추진할 조직을 새로이 구성합니다. 물론 그 사람이 또 그 사람입니다. 때문에 바깥출입을 좀 하는 사람이라면 작목반도 몇 개는 기본이고 각종 위원회, 종친회, 친목 모임 등으로 말미암아 직업을 회합꾼 쯤으로 여겨도 될 성 싶습니다.

　또 그게 자랑이기도 합니다. 넓은 인맥과 활력의 상징인 셈이니까요. 그렇다면 모두에게 그럴까요? 여기서 모두란 남과 여를 두고 하는 말입니다. 말하자면 다릅니다. 남자가 바깥출입이 잦으면 활동적인 것이고 여자의 외출은 그 이름도 '싸돌아 댕긴다' 입니다. 농사일이 처지면 여자가 '싸돌아 다녀서' 그런 것이고 남자는 많은 일들로 바빠서 그런 것이라고 말합니다. 그러니 남자의 외출은 '보장'을 받는 셈이고 여자의 외출은 다른 가족들로부터 '눈치'를 받습니다. 그런 눈치와 갈등을 피하려고 며칠 전부터 미리미리 챙겨서 탈이 안 생기도록 대비를 하는 것이지요.

어떤 경우에는 아내가 친구들을 만나거나 동창 모임을 나가는 것에는 호의적이다가도 사회참여활동을 하고자 하면 남의 입에 오르내린다고 아예 참여를 불허하기도 합니다. 드물게는 아직도 여자가 똑똑해지면 피곤하다고 세상 물정에는 눈과 귀를 닫고 비켜서길 바라는 경우도있습니다. 심지어는 아내의 사회활동을 방해하기도 합니다. 단체나 마을 부녀회의 임원을 맡으면 이혼도 불사하겠다고 으름장을 놓기도 하는 집이 있으니까요.

여러 가지 이유로 농촌여성의 사회활동의 벽은 생각보다 높습니다. 경험이 적다 보니 스스로도 자신감이 낮아지기도 하지만 그것보다는 여성의 사회활동을 장려하고 지원하는 사회 분위기가 없는 게 제일 큰 문제입니다. 활동적인 여성이 많다면 농촌에 활력이 넘칠 텐데 그걸 모르니 안타까울 일이지요. 게다가 아직도 여성은 가정 내에서 머물기를 바라는 후진적 농촌문화가 있기 때문입니다. 이 또한 아내의 활력과 가정의 행복지수 상승을 모르는 구시대적인 문화인 셈입니다.

눈을 동그랗게 뜨고서 할 말 다하고 바빠도 할 것 다하는(그래 봤자 집안 분위기의 큰 틀을 벗어나지 않는) 여성농민을 만나기는 쉽지 않습니다. 그래서 젊은 여성은 농촌에서 살기를 싫어하는지도 모르겠습니다. 안타깝게도 말입니다.

텃밭농사도 손 맞춰

　처서를 즈음한 날씨는 아침저녁 기온이 한층 더 꺾여서 곡식은 여물기 좋고, 한낮 더위를 피하면 일할 맛도 납니다. 한쪽에서는 곡식 여무는 소리가 시끌시끌한데 또 한켠에서 가을 농사를 준비하느라 분주합니다. 봄에 잘 마련해 둔 쪽파 머리를 잘라 나란히 나란히 줄 세워 꼽고 한더위에 뿌린 당근 씨앗의 인색한 싹틔움도 유심히 살피곤 합니다. 내년 봄에 심을 감자 씨앗을 준비하러 가을 감자도 조금 심습니다. 배추 모종 심을 준비며 가을 무우 심을 준비로 텃밭이 시끌벅적합니다.

　이맘때쯤이면 이 집 저 집 할 것 없이 시끄러운 소리가 한바탕 납니다. 주 농사가 아닌 텃밭농사에 대한 생각이 각자 다르기 때문이지요. 전업화된 농사, 가령 시설 고추 농사나 우리집처럼 마늘농사, 또 벼농사만 전문으로 하는 경우 등에서는 모든 농사과정에 온 식구가 각자의 힘에 맞는 역할로 집중을 합니다. 생계의 문제이자 삶의 대부분을 차지하는 문제이니 에누리 없이 손발이 척척 맞아 들어갑니다.

　그러다가도 자투리땅이나 텃밭에 무엇을 심고자 할경우 어김없이 갈등이 생겨납니다. 한 뼘의 땅일지라도 생명이 자라는 터이다 보니 무엇이라도 심어서 수확하고자 하는 쪽과 주농사에 방해되고 귀찮다고 심지 말자 하는 쪽의 갈등, 이것도 심고 저것도 심어 이 땅에서 자라는 건강한 먹거리로 식탁을 꾸미자고 주장하는 측과 몇 푼 되지도 않는 푸성귀 나부랭이들은 사먹고 말자는 측과의 갈등이 파종기 부부싸움의 단면입니다.

주농사를 할 때의 그 부지런함과 집중은 어데를 가고 남편에게 되기밭을 갈아달라고 사정사정할 때의 비굴함으로 치면 딱 걷어차고 싶은 것이 텃밭농사입니다. 내일 갈아준다, 모레 갈아준다며 게으름을 피우다가 상황이 다급해지면 짜증도 덧붙입니다. 귀찮게스리 바쁜데 이것저것 해달라 한다는 것입니다. 그러고는 마뜩잖아하며 밭장만을 하면서 마치 백화점에서 값비싼 명품가방을 사서 선물해주는 듯이 의기양양해 합니다.

텃밭농사에도 힘의 원리가 작동되어 기계를 다루고 힘을 가진 쪽이 큰소리칩니다. 사실 부지런히 텃밭을 돌보게 되면 마트를 하나 차린 듯 온가족 모두의 입과 몸이 혜택을 누리는 데도 말입니다. 뻔히 알면서도 당장의 일이 좀 귀찮다고 그렇게 소극성을 보이는 것입니다. 통상 집안의 잔손을 잘 봐주지 않는 남성들이 가부장적인 것이야 말할 나위도 없습니다. 남성일, 여성일을 꼭꼭 구분해가며 잔손이 많이 가는 일에는 남일 하듯 하는 것이지요.

시대가 달라지고 요구가 달라져서는 농사일에 대한 기여에서 남녀 구분이 점차 줄어들고 있습니다. 주농사는 물론이고 가족 누구라도 관심이 있는 농사라면 짜증 없이, 귀찮아 말고 도와줘야겠지요. 농사는 그야말로 협동으로 피어나는 꽃이니까요. 머리 맞대고 농사짓는 집이 일방통행의 농사보다 여러 면모로 앞선다는 것쯤이야 다 아는 사실이잖아요?

한국의 여름은 1초도
아름답지 않은 시간이 없습니다?

바야흐로 명절 다음으로 많은 인구이동이 있는 휴가철입니다. 사면이 바다로 둘러싸인 이 곳 남도의 섬에는 벌써부터 입도하는 차량들이 늘어나고 있습니다. 작년에는 세월호로, 올해는 또 호흡기 질환 확산으로 온 나라가 아이들 '얼음-땡' 놀이처럼 그대로 멈춘 듯했습니다. 가뜩이나 어려운 경기에 연이은 악재로 국민들 정서마저 위축되는 분위기에 다들 걱정이 많았을 것입니다. 다행히 본격적인 무더위철로 접어들면서부터는 전염병 확산이 멈춰지는 듯해서 안도의 한숨을 쉬어 봅니다.

별스럽게 큰일을 하는 것도 아니고 세상에 큰 흔적을 남기는 명망가의 삶도 아닌, 고작 먹고 살면서 애들 뒷바라지를 하는 정도의 일상에도 팽팽한 긴장감이 있어 저마다 힘겨워합니다. 이렇게 꽉 짜인 일상의 긴장감을 풀 수 있는 절호의 기회가 바로 여행일 것입니다. 때마침 한국관광공사의 국내 관광 홍보 문구가 참 적절하게 눈에 띕니다. '한국의 여름은, 1초도 아름답지 않은 시간이 없습니다.' 참으로 유혹적인 문구입니다.

편리한 도시 생활에서 잠시 떠나 자연과 함께하는 여름휴가를 보내노라면 머리는 초록색으로 물들고 물에 담근 발은 그대로 송사리 떼와 친구도 될 듯하겠지요. 고향으로의 휴가는 가족 사랑까지 겹쳐 더 값진 일일 것입니다. 고향의 가족 친지 분들도 챙길 수 있고 자연도 즐기니 그야말로 좋고도 좋은 일입니다. 딱 한 가지만 뺀다면 말입니다.

7월 하순부터 8월 상순에는 농민들의 공적인 일정이 정지됩니다. 그 잦던 모임이나 약속도 휴가철을 지나야 성사됩니다. 고향으로 휴가 온 손님 대접이 우선이기 때문입니다. 호랑이보다 더 무섭다는 여름날의 손님맞이로 여념이 없습니다. 바닷가다 보니 여름철 보양식 장어와 아직 가시가 연한 전어회 등 입에 맞는 음식 준비와 구석구석 청소며 이불빨래까지 깨끗이 해서 객들을 맞습니다. 누가? 어머니, 형수, 숙모, 고모, 이모 등 바로 여성농민들입니다. 여느 펜션 사장보다 더 환한 얼굴로 손님을 맞고 나도 잊은 나의 기억을 떠올려 주며 도시서는 돈 주고도 사 먹지 못하는 음식 대접을 받습니다. 힘든 내색 없이 말입니다.

아닌데? 손님이 오는 것을 더 좋아하시던데? 맞아요. 좋은 사람들 만나니 좋을 수밖에요. 하지만 오면 좋고 가면 더 좋다는 사실을 아시려나? 음식 준비, 청소, 좋은 분위기 조성은 그 자체로 노동입니다. 사랑과 관심이라는 이름의 노동입니다. 가사노동은 원래 이렇게 곱게 포장됩니다. 늘 그래왔고 이변이 없는 한 앞으로도 당분간은 그럴 것이지요.

대다수 농민들은 철마다의 여행다운 여행을 경험하지 못하고 삽니다. 주말마다 오토캠핑이다 백패킹, 트레킹, 기차여행 등등 이름도 낯선 여행과 거리가 멉니다. 고작 봄철 꽃놀이 관광이나 단풍관광 정도이지요. 그러고 보니 세상에는 딱 두 부류의 삶이 있는 듯합니다. 여행이 있는 삶과 그렇지 못한 삶! 농민도 여행을 떠나자는 얘기가 핵심은 아닙니다. 고향으로의 여름휴가에서 여성농민으로부터 받는 지상 최고의 서비스를 당연히 받지 마시라, 여성농민들의 또 다른 귀한 노동임을 잊지 마시라고 덧붙여 봅니다.

한 가지 더 덧붙이자면 대다수 여성들에게 집은 쉼의 공간이 아니라 언제나 일이 있는 공간입니다. 들에서도 일, 집에서도 일, 한국의 여성농민은 1초도 맘 편히 쉴 때가 없습니다! 그러니 자매여행, 모녀여행의 이름으로 일상에서 아주 조금 떨어져 보는 것은 어떨까요? 이 여름에요.

#곡우파종 #여성농민 #희망

　남부지방은 곡우 무렵이 노지 작물들의 파종과 이식에 딱 적기입니다. 그러니 텃밭 작물이건 상업작물이건 이즈음 빈 논밭들이 곡식으로 채워집니다. 들녘이나 골짜기가 이른 아침부터 트랙터 소리, 관리기 엔진 소리로 시끄럽습니다. 다 같이 하는 농사이지만 농작물마다 관리 주체가 조금 다릅니다. 논농사의 경우는 남성들이 주로 하고 여성들은 주로 밭농사에 신경을 많이 씁니다만, 논밭 구분 없이 기계 작업은 남성이 하고 사양관리는 여성이 하는 경우가 또 상당수입니다. 또 어떤 집의 경우는 여성이 농사에 밝아서 남성은 시키는 일만 하는 집도 있고 반대로 남편이 시키는 일만 하는 여성도 있습지요. 어떤 식으로든지 각자 익숙하게 해오던 방식 대로 농사일을 합니다.

　실제 일을 하는 모양새는 어떠한지 상관없이 농작물이 출하될 때는 남성 가구주의 이름으로 대부분 출하되지요. 혼자 사는 여성이 아닌 경우도 농작물 출하통장을 가지는 예외의 경우가 있기는 합니다. 상품성이 떨어진다는 평가를 받았을 때 경매장에 아내의 이름으로 따로 분리해서 출하를 하는 것이지요. 어쨌거나 남성이 있는데 여성의 이름이 주 출하자로 등록되는 경우는 흔하지 않다는 말씀이지요.

　돈만 통장에 꼬박꼬박 잘 들어오면 되지, 누구 통장으로 들어오는지 그까짓 것이 뭐가 중요해? 또는 논밭이 우리 집 앞으로 있으면 됐지, 누구 이름인 것이 뭐가 중요해? 그러게요. 이름보다 실질이, 형식보다 내용이 더 중요하긴 한데, 그게 꼭 그렇지만 않는 게 세상살이잖습니까? 통장거래 내역이 신용평가의 우선 기준이고, 자신에게 주어지는 소득이 직업인으로서의 출발점이 되니까요.

여성농민이 농가주부로 불리고 보조자의 지위로 인식되고 있음이 여실히 드러나는 대목이 바로 이 부분입니다. 똑같은 농업노동의 주체임에도 실질적인 금융활동이나 농업 경영자로서의 지위는 가지지 못 하는 것 말이지요. 이것이 여성농민을 생산의 주체에서 얼마나 소외시키는 것인지 모를 것입니다. 좀 배웠다는 분들, 좀 나다닌다는 분들도 아내의 재산 공동명기에 대해서 불편해하는 분들이 아직도 많다는 사실을 냉정히 돌아볼 일이지요.

2007년 남북교류가 한창일 때, 농민단체 교류 차원에서 평양근교의 협동농장을 방문한 적이 있었습니다. 협동농장답게 지난해 우리 마을은 나락은 얼마나 생산했고, 소는 몇 두를 키워냈다는 등 농업 생산실적과 누가 얼마나 농사일에 참여했는지 등을 마을 어귀의 마을현황판에 기록해 두었습니다. 그 자료에 따라 협동농장 현황을 설명해 주던 분이 50대 후반의 뱃살 두둑한 여성 농장장이었습니다. 이웃 아주머니 같은 농장장의 설명은 귀에 안 들어오고, 저 사람이 정말 농장장이 맞을까? 하는 예의 그 불손한 의구심만 맴돌았습니다. 우리나라 농촌의 경험으로 치자면 남성이 협동농장을 대표하는 것이 다반사인 것이고 그 대표가 외빈을 맞아 마을 협동농장을 소개할 테니까요. 실제 우리나라 작목반이나 영농조합 법인의 구성을 보자면 남성 참여자가 대부분이요, 그러니 대표도 남성이 주로 맡는 것이지요. 설명이 끝나고 사진을 촬영하는 시간에 농장장 곁에 가서 외람되게도 진짜로 농장장이 맞냐고 살짝 물었습니다. 맞다고, 북한 협동농장장의 90% 정도가 여성이랍니다. 귀를 의심했고 지금도 또다시 확인하고픈 사실입니다.

남북관계가 좋아져 다시 확인할 길이 있다면 제대로 묻고 싶고, 더 궁금한 것은 여성농민의 지위를 알고 싶은 것입니다. 여성농민이 집안에서나 마을과 지역사회에서 어떤 지위를 갖고 있는지, 어떻게 농장장의 90%가 여성인지 그 배경이 무엇인지 묻고 또 묻고 확인하고 또 확인하고 싶습니다. 남북을 넘어 세계 그 어디라도 여성농민이 제대로 대접받고 있는 세상이 있다면 어째서 그런지, 여성농민이 참고 일을 많이 해서인지, 아니면 사회가 성숙한 정도에 따른 것인지 진짜진짜 궁금하기 짝이 없습니다. 북한 농업 전반을 평가할 것은 아니나 적어도 여성농민의 지위에 있어서 실사구시의 태도는 그 농장에서만큼은 사실이었으니까요. 작물을 심고 관리하는 그 모든 농사과정이, 생명을 잉태하고 키워내는 여성의 성정이 그대로 반영되기에 농업이 여성적이란 말, 그래서 북한의 농장장이 여성이 90%라는 것, 맞나요? 그 시각으로 여성이 농업의 미래임을 확인한다면 곡우 무렵의 파종이 보다 희망차겠습니다.

공간의 재구성

마을회관 현대화 사업이 대대적으로 벌어진 탓에 요즘은 전국 어디를 가더라도 붉은 벽돌에 검은색 기와를 얹은 고급형 마을회관이 마을 어귀에 떡하니 자리 잡고 있습니다. 멀찍이서 볼 때면 덩그러니 서 있기만 한, 심심한 마을회관인 듯해도 마을 사람들에게는 참으로 요긴한 공공의 장소입니다. 마을 대소사를 결정하는 대동회 때는 물론이고 한여름이나 한겨울 어른들의 생활공간이자, 마을개발회의·노인회의·부녀회의 등등 각종 대소사가 결정되는 회의 장소입니다. 시끌벅적 부녀회원들의 소요 속에 이뤄지는 재활용품 분리수거도 회관 안마당에서 이뤄지고, 노인회의 각종 건강교육이나 문화프로그램도 진행되고, 철마다 농자재를 공급하는 곳이기도 합니다. 더러 마을 분들이 돌아가시게 되면 회관 안마당에서 노제를 지내며 한평생 한마을에서 같이 살다 간 망자의 혼을 달래는 등 다양한 쓰임이 있는 곳입니다.

보기에도 좋고 활용도가 높은 우리 마을회관이 다 좋은데 한 가지 불편한 점이 있다면 의외로 부엌이 좁다는 것입니다. 음식을 나누려고 부엌 바닥에 두세 명만 자리를 잡아도 통로가 없어집니다. 그러니 음식을 준비하는 사람의 어려움이 이만저만이 아니지요. 거기다가 싱크대에서 물이라도 사용할라치면 물이 튀어서 앉아 있는 사람들이 옷을 버리기 일쑤입니다. 하지만 새로 지은 건물을 허물 수도 없거니와 누대에 걸쳐 사용할 수 있을 만치 야무지게 지은 통 콘크리트 벽체인지라 쉽사리 손을 댈 수도 없으니 이를 어찌해야 할까요? 나는 정말이지 멋진 마을회관의 부엌을 턱없이 좁게 설계한 까닭을 모르겠습니다.

길을 가다가 새집을 짓는 광경을 마주하게 되면 모르는 집이라도 불쑥 들어가서 확인해 보고 싶은 충동을 느끼곤 합니다. 햇빛을 받는 창은 어느 쪽에 얼마만한 크기로 내는지, 부엌은 어느 쪽에 앉히는지, 그밖에도 집주인의 의도가 어떻게 반영되는지 궁금해서 말이지요. 이웃 마을에 아는 분이 집을 짓는데 그 집 앞을 지나다가 예의 그 호기심이 발동해서 예의도 없이 빈손으로 불쑥 찾아간 적이 있었습니다. 그런데 여느 집의 구조와 달랐습니다. 거실이 있을 법한 자리에 떡하니 부엌과 식탁이 있었습니다. 어찌 된 까닭이냐고 여쭈었더니 아저씨께서 기막힌 답변을 주셨습니다. 여성들이 주로 사용하는 공간인 부엌이 너무 어두운 것이 싫었다고, 게다가 먹는 것이 제일 큰 즐거움인데 그 또한 한쪽 구석에 자리하는 것이 싫다고 하셨습니다. 맙소사, 아니 너무 멋진 것 아니냐고 최고의 찬사를 드리며 돌아오는데, 발걸음이 어찌나 경쾌하던지요.

집을 설계할 때도 민주적인 과정이 있지요. 주 사용자가 사용할 공간에 그 당사자의 요구가 반영되도록 세심하게 배려하는 것 말입니다. 하물며 공공의 시설인 마을회관은 더하겠지요. 마을주민이 모일 때면 언제나 먹거리가 장만 되고 그것을 준비하는 공간인 만큼 그 어떤 공간보다 앞서서 설계되어야 마땅한 것이지요. 모두가 활용하는 공간을 사용되는 비중에 따라 섬세하게 검토해서 재구성하노라면 누구든 큰 불편 없이 잘 사용할 수 있을 것입니다. 어쨌거나 행정에다 마을의 건의사항을 전달했다 하니 어쩌면 다소나마 구조변경이 이루어질 수도 있겠습니다.

물론 부녀회원들 중에서는 그대로 살자고 하는 이들이 계십니다. 벽체를 헐지 않고 싱크대 방향을 바꾸더라도 그다지 넓어질 것 같지 않고, 또 멀쩡한 싱크대를 뜯어버리고 새로 설치한다는 것이 어쩐지 아깝게 여겨지니까요. 이 또한 여성들의 고운 심성입니다. 애초에 잘못된 설계라지만 우리가 불편을 감수하면 되지 않겠냐고 하는 것이지요. 삶의 마디마디 어려움을 참아내고서 일구어 온 그 미덕이 몸에 배인 까닭입니다. 암만요, 그 마음에도 지지의 한 표를 드립니다. 그래도 조금이나마 개선의 여지가 있다면 다소 변화를 시도해보는 것도 좋지 않겠습니까?

내 통장으로 주거니 받거니

　아랫녘 끝자락의 들판은 한겨울에도 푸르릅니다. 바닷바람을 온몸으로 맞는 시금치나 마늘 등 월동작물이 한여름의 빛깔과 다르지 않으니까요. 나는 남해의 이 초록겨울이 따뜻해서 좋기도 하고, 한편으로는 단 한 철의 휴식도 안 줘서 싫기도 합니다. 어쨌거나 노루꼬리 만큼 짧은 겨울 해를 안고서 시금치를 캐는 농민들의 손놀림이 분주하기만 합니다.

　올해는 어쩐지 시금치 가격이 없습니다. 파종기에 넉넉히 내린 비와 초겨울의 온화한 날씨탓에 발아율과 초기생장이 좋아서일 것이고, 시금치 발아 후 연이은 폭우가 없었던 탓에 월동작물의 주적인 노균병 피해가 없다 보니 그렇기도 한가 봅니다. 물론 더 이면에는 다르게 지을 농사가 없으니 인근 지역의 돈되는 유사한 작물을 과잉으로 심게 되어서 그렇겠지요. 게다가 몇 손을 거치는 시장유통의 문제도 상황을 나쁘게 합니다. 그러니 겨울 추위 따위는 아랑곳 하지 않고 농사일을 하는 농민들의 일 재미가 떨어집니다.

　그러던 차에 겨울채소가 나지 않는 윗녘에서 시금치 주문이 들어왔습니다. 바닥을 치고 있는 경매시세보다 조금 높게 쳐준다 하고 또 그 양도 제법이라 흐뭇한 마음으로 이웃분께 연결을 해 드렸습니다. 배송 후 며칠 지나지 않아 송금하겠다고 연락이 와서 계좌번호를 여쭈는데 아이쿠 깜짝이야, 은행 거래통장이 없다며 그 댁 아저씨 명의의 통장번호를 가르쳐주시는 것이었습니다.

그 댁 언니로 말씀드리자면 우리 동네에서 농사 일머리가 제일 좋으신 분입니다. 일의 동선도 딱 알맞게 배치하여 허투루 보내는 시간이 없습니다. 스스로의 일 뿐 아니라 아저씨 일까지도 한발 앞서 생각하니 매사에 놓치는 일이 없습니다. 어쩌다 다른 일꾼들이 있을라치면 일꾼들의 손도 쓰임새가 맞도록 배치해 냅니다. 일 매무새 또한 어찌나 야무진지 그 언니의 손길을 거친 일은 뒷손볼 것이 없다고 마을 사람들이 칭찬을 아끼지 않습니다. 그러니 농사일로 대통령을 뽑는다 하면 나는 이 분을 꼭 추천할 것이고 선거운동도 멋지게 해드릴 용의가 있습니다.

그런데 딱 거기까지입니다. 그런 언니가 집안과 마을을 벗어나 사회와 관계 맺는 과정은 단절되어 있는 것이지요. 농협 통장 거래를 않는다는 것은 대부분 언니 손을 거치는 언니의 농산물이 언니 이름으로 출하되는 일이 없다는 것입니다. 그러면 지역의 협동조합과 관계를 안 맺는 것이고 그래서 농협 조합원이나 대의원, 이·감사는 물론 조합장의 이름으로 지역의 대표가 되는 일도 없고 농업 정책의 대상이 될 리도 만무하다는 것입니다. 언니 이름으로 도착하는 공문서 한 장 없는 것은 뻔하고 멋진 자리에 초청되어 자문위원이 되었을 리도 만무합니다. 그랬더라면 자문료를 받는 통장이 있었겠지요. 이렇게 여성농민이 농업의 주체이면서도 지역사회에서 소외되고 있음을 여실히 확인할 수 있는 대목입니다.

통장이 없는 이 댁 언니만의 특수한 경우라고요? 다른 분들 중에는 노령연금을 받을 때 비로소 자신 명의의 통장을 만드는 사례도 흔히 있습니다. 하지만 통장의 유무보다 더 중요한 것은 생산된 농산물에 여성농민의 노동권리를 어떻게 포함시켜 내는가 하는 문제이지요. 가령 농산물 출하를 여성농민의 이름으로도 하는가, 소득을 정산할 때 아내에게도 주어지는가, 또는 누군가의 간섭없이 자유로운 소비활동을 할 수 있도록 허용되는가의 문제이지요. 아주 가끔 굳이 아내 이름으로 출하를 할 때가 있는데, 이는 다른 이름으로의 출하가 경매가에 미치는 영향을 확인해 보고자 하는 경우나, 정상등급 농산물보다 등외 품위의 농산물을 출하할 때 여성의 이름으로 출하하는 경우가 더러 있습니다. 좋은 모습은 아니지요. 농업·농촌 기본법에서 농민의 규정 중 하나가 연 100만 원 이상의 농산물 통장 거래실적입니다. 이외에도 여러 규정이 있지만, 이것이 의미하는 상징성이 크기 때문입니다. 그러니 농산물 출하를 품목에 따라서, 또 단일작물의 경우 시기에 따라서 공동의 생산자인 여성농민의 이름으로 출하해서 노동과 소득이 연결될 수 있도록 해야 할 것입니다.

 부부가 공동으로 일한 것이 한 쪽의 경제활동의 성과로 이어지는 것은 여성농민들에게 참으로 가혹한 현실입니다. 가뜩이나 농업소득이 적은데 여성농민들에게 일정한 소득이 주어지지 않으면 소비에서도 한참이나 위축될 수밖에 없습니다. (물론 소비가 미덕인 것만은 아니나 권리의 측면으로 보자면) 자세히 오래 들여다보면 볼수록 여성농민들의 삶이 신비로울 따름입니다. 세상은 이렇게나 빠르게 바뀌는데 늘 제자리걸음을 하고 있으니까요.

친환경 실천의 고수

    성질 급한 홍매는 벌써 꽃망울을 터뜨린 지 한참이나 됐고, 다른 꽃나무들도 여차하면 꽃눈을 터뜨릴 기세를 하고서는 낮기온과 밤온도를 재고 있습니다. 낮기온이 13도로 올라가면 겨울잠을 자던 사랑스러운 마늘의 생육이 다시 시작됩니다. 이때가 되면 온 들판에 농민들이 추비를 하거나 영양제를 주느라 바쁩니다. 우리 집도 이때를 기다려 고등어 액비를 희석해서 살포합니다.

    대관절 고등어 액비란 무엇이던가요? 작물들에 직접 흡수가 잘 되는 친환경 액비로써 다량의 아미노산 성분이 포함된 최고급 영양제입니다. 이를 만들려면 장날마다 고등어 몇 마리를 사면서 덤으로 고등어 내장이나 머리 등을 한 통씩 얻어와서 항아리에 켜켜이 담고서 잘 삭은 부엽토를 얹어서 3개월 이상 발효시켜야 합니다. 이 좋은 고급 수제 천연액비로 말할 것 같으면, 똥 묻은 개도 코를 막고서 한쪽으로 비켜날 정도의 초특급 악취를 갖고 있습니다. 그렇게 숙성된 고등어 액비를 쓰기 좋게 5리터 정도의 작은 통에 뜨는 날은 장을 뜨듯 날을 받아 완전 무장을 해야만 가능합니다.

    이 고약한 고등어 액비를 담는 것부터 뜨는 것까지 대체 누가 할까요? 상상하신 대로 물론 언제나 내가 합니다. 다른 힘든 일은 기꺼이 감당하는 남편이 손수 먼저 고등어 액비를 뜨고자 하는 일은 결코 없습니다. 대가댁 공자라도 되는 양 멀찌감치 떨어져서 관망의 태도를 취합니다. 이러니 친환경 농업교육을 담당하는 강사분이 교육에 부부동

반으로 같이 참석하기를 권했나 봅니다.

　친환경농업은 친환경 실천이 반드시 뒤따라야 하는 법입니다. 제초하는 과정이며 액비를 만드는 등 전 과정에서 집밥을 해 먹듯이 사람의 손을 일일이 거쳐야 합니다. 농약방에서 몇 만 원만 들이면 손쉽게 구할 그 모든 것을 많은 시간과 악취, 요통과 싸우며 원칙을 고수하기란 쉽지 않지요. 그런데 친환경농업 강사 선생님은 어떻게 여성농민이 동참해야 친환경 농사가 완성된다는 것을 알게 되었을까요? 아마도 오랜 경험에서 세심한 통찰로 스스로 멋진 결론을 얻었던 것일테지요. 친환경실천은 여성농민이 더 고수라는⋯.

　이쯤 되면 무슨 말을 하고자 하는지 다들 눈치 채셨지요? 그렇습니다. 친환경실천에 있어서도 단연 돋보이는 것이 여성농민의 힘, 친환경 강사도 다 아는 여성농민의 저력을 말씀드리고 싶은 것입니다. 물론 여성농민이라 하여 다 친환경 실천을 하는 것은 아니지만, 일단 자신의 철학으로 자리를 잡는다면야 어떤 어려움도 마다하지 않고 기꺼이 굳세게 밀고 나가는 힘이 있다는 것입니다. 다른 그 무엇에서도 마찬가지이지만요. 그 힘으로 지속가능한 농업을 만드는 데 지혜를 모아야겠다는 생각을 하며, 마스크에 고무장갑, 고무장화로 완전 무장을 하고서 액비 장독대로 나갈 참입니다.

선진지 견학을 준비하는
총무 아내의 마음

늦가을 비가 잦은 이즈음, 모처럼 맑고 화창한 날에 면 단위 마늘작목회 선진지 견학을 다녀왔습니다. 이 작목회는 주로 남성 농민들로 구성되어 있고, 군내 전 읍·면 단위에 기반하고 있는 큰 모임인 만큼 생산이나 출하 등의 공동작업보다는 작목에 대한 정책을 제시하는 역할과 회원 상호 간의 친목활동을 중심으로 합니다. 해마다 마늘을 다 심고서 한 해농사를 마무리 하는 늦가을에 회원들이 부부 동반으로 참여하는 선진지 견학은 한 해 활동의 꽃입니다. 하다 보니 작목회 총무의 아내인 나로서는 선진지 견학의 실무준비에 신경이 곤두서게 됩니다. 40~50명이 틈틈이 먹을 간식거리를 준비해야 된다는 생각에 지레 걱정이 앞서게 되는 것이지요.

목표가 뚜렷하면서도 규모가 작은 모임은 소소한 실수에 대해서 관대하지만, 큰 규모의 모임은 형식과 절차를 더 소중히 여기기 때문에 실무준비를 촘촘히 챙겨야 합니다. 한평생 농사일과 지역일로 잔뼈가 굵은 어르신 연배 분들과 함께 하는 자리는 시어른 몇십 분을 모시는 것처럼 어려운 일입니다. 이 작목회의 나들이만 벌써 세 번째로 맞이하는 만큼 이제는 별 어려움 없이 능수능란하게 할 때도 되었는데 막상 때가 되면 예민해집니다. 음식이 너무 많거나 부족하게 되면 어쩌나 하는 조바심 때문이지요. 물론 제일 처음 참가에서 지적받았던 아픈 경험 때문에 더 그런 것이기도 합니다.

따지고 보면 사실 이 고민은 전적으로 남편의 몫입니다. 그런데 왜 나는 파블로프의

개처럼 벌써 반응을 하고 있냔 말이지요. 평소 다른 일로는 의견을 많이 물어보지 않는 남편이 이런 일에 대해서는 하나하나 물어와서 신경이 쓰이게 합니다. 영리한 남편이 지시를 싫어하는 나의 성격을 알고서는 지시 대신에 의견을 묻는 것으로 자신의 고민을, 저항 없이 나의 고민이 되게끔 하는 재주를 부리는 것입니다. 이럴 때면 나는 모른다고 강하게 뿌리쳐야 하는데 어느새 나는 그의 손발이 되고 있으니 이 무슨 조화일까요?

그런데 생각해보니 나도 여러 모임의 중요한 장을 맡아서 일을 해보았지만, 그때 남편의 손이 필요했던 적은 별로 없었던 듯합니다. 큰일이던 작은 일이던 내가 가진 자원을 최대한 활용했으므로 실제 남편의 손을 빌릴 이유가 없었던 것이지요. 물론이거니와 내 못 하는 일을 남편을 믿고 추진한 적은 더욱 없습니다. 그런데 남편은 나와는 다르게 자신의 임무임에도 나의 손을 공짜로 빌리고자 하는 것입니다. 물론 먹거리 준비가 익숙하지는 않겠지요. 하지만 보다 근본적인 것은 음식 준비나 나들이 준비를 여성의 역할로 바라보았던 것이겠지요. 따지고 보면 실제 당일 먹게 되는 음식은 주문하는 것이고 집에서 직접 손으로 하는 것은 별로 없는데도 남편은 아내가 알아서 해주기를 바랍니다.

물론 내가 몸을 쓰는 것을 귀찮아서도 아니요, 허드렛일을 멀리해서도 아닙니다. 오히려 다정하게 사람을 챙겨주는 것을 즐겨 하는 편이지요. 문제의 핵심은 음식 준비와 같은 일은 여성들이 해야 한다는 고정적인 생각입니다. 게다가 남편의 사회활동을 가정 내에서 돕는 정도를 넘어, 아내가 밖에서도 이름 없이 이러한 역할을 해줄 것을 당연하게 여기는 데 대한 문제입니다. 아닌 게 아니라 지역의 수많은 기관단체 모임이나, 계모임 등 사람이 보이는 모든 모임에서 먹거리를 뒷받침해 온 이들이 바로 아내라는 이름의 여성입니다. 헌신적인 아내의 뒷받침은 남편의 지위를 높여주고, 지위가 높아진 남편은 그런 아내를 하찮은 일을 하는 당연한 조력자로만 여기는 것이 흔한 일상이라는 것이지요. 이런 문화가 지속되면 지속될수록 여성의 사회적 지위는 낮아질 수밖에 없습니다. 세상은 이 모든 것을 남편의 능력쯤으로 인식하지, 그 속에 야무진 여성의 조력이 있음을 구태여 밝히지 않습니다. 그런 여성의 헌신쯤이야 기본이라는 것으로 생각하니까요. 정말로 아내의 손이 필요하면 당연하게 여기지 말고 귀하게 여기시라, 그러고는 그 귀한 마음을 알아주는 것으로 끝내지 말고 세상을 끌어가는 또 하나의 힘이 되게끔 하시라고 말하고 싶습니다.

부부가 꼭 같이
농사를 지어야 돼요?

　며칠 전, '부부가 꼭 같이 농사를 지어야 돼요?'라고 단도직입적으로 물어오는 여자 후배가 있었습니다. 아니, 어… 그런데 같이 지으면 좋지, 라며 흐릿하게 답을 했습니다. 뒤늦게 농사를 시작한 젊은 부부인데 이미 물어보는 말 속에 같이 농사를 짓자니 여러모로 힘들다는 뜻이 들어있고, 나 또한 같이 농사를 안 지어도 되지만 그럴 경우 살림이나 농사가 엉망이 될 가능성이 높지 않냐고 답변을 한 것입니다. 부부가 함께 짓는 농사와 어느 한 쪽만이 짓는 농사가 현재의 수준에서 보자면야 비교할 것이 못 됩니다. 농업 선진국처럼 일정 정도의 소득이 보장되는 조건에서 전업화, 규모화, 기계화된 농사의 경우는 몰라도 우리나라의 경우에는 십중팔구 규모나 농사의 질에서 차이가 날 것입니다.

　농사일을 부부가 따로 한다는 게 말이나 되냐구요? 그러게요. 그런데 요즘에는 그렇게 하나 봅니다. 예전 같으면 자신이 처한 상황을 당연하게 받아들이며 함께 하던 농사일을, 이제는 자신의 기호나 전망, 적성에 따른 직업선택을 하는 시대이다 보니 응당 근본적인 질문이 따르는 것이지요. 여성들에게 직업으로서의 농업은 얼마만큼 매력이 있을까요? 특히 부부가 한 업종에 종사하는 경우에 말입니다.

　부부가 공동으로 농업전선에 뛰어들었을 때 생기는 문제 하나, 농사일을 같이했으니 가사노동도 같이 나누자는 아내의 완강한 주장과, 동네 아주머니들과 형수님들은 농사일도 잘 하고 집안일도 잘 하는데 왜 당신만 유별나게 구냐며 부딪히는 경우가 있지요. 또 있습니다. 정교하거나 큰 농기계를 주로 다루는 쪽이 주가 되고 다른 쪽은 보조적 지위자로 머물러서는 부부가 주종 아닌 주종적 관계가 됩니다. 지시하려 하고(뜻한 바가 아닌 데도) 잔소리가 거듭되고 상대를 통제하려 들게 되니 여성농민이 직업인으로서의 긍지를 갖기란 쉽지 않습니다. 또 지역사회에서는 농업관련 기술교육이나 회합이 남성 위주여서 직업인으로서 젊은 여성의 참여가 처음부터 어려움이 따르지요. 농촌의 질서라는 것이 도시의 능력 우선과 달리 연장자 우선이 절대적인 분위기여서 날 때부터 배포가 남달라서 남의 이목 따위는 신경도 안 쓰는 통뼈급 여성쯤은 돼야 발언권을 가질 수 있습니다.

여성농민을 직업군으로 인정하고 거기에 맞는 정책수립과 예산배치, 전담부서 마련은 여성농민계의 오랜 숙원사업입니다. 일부 지역에서 이제 시행이 되고 있으니 이제 잘 할 일만 남았네요. 이러한 대책 없이 농업에 종사하는 여성농민의 문제를 개별로 보는 한, 부부가 농사를 꼭 같이 지어야 하냐는 후배의 물음이 계속 생겨날 수밖에요. 이는 다른 새로운 여성들의 농업진출을 가로막는 요인이 될 것입니다. 현실이 이러할진대, 같이 농사를 지어라, 그렇잖으면 살림이 안 된다, 수고스럽더라도 농사만큼은 함께 짓는 것이 답이라고 말하기에는 개별 여성농민이 감당해야 할 몫이 너무 많다 보니, 차마 시원스러운 답을 해줄 수가 없었습니다.

주인이 섬기면 개가 밖에서도 대접을 받는다지요? 세상이 여성농민을 대접해준다면야 가정 내에서나 마을에서 지위가 달라지지 않겠습니까? 주체적 입장을 지닌 여성농민과 동등하게 같이 일을 할 때면 농작업 지시가 의논으로, 무급봉사로 당연시 여기던 농사일을 진심 감사하는 입장으로 여기며 가장 수준 높은 파트너와 농사일을 하는 즐거움을 갖게 될 것입니다.

2장

담장을 넘는 생각들

재활용품 분리수거 날의 소요

    우리 마을 부녀회에서는 1년에 네 번, 재활용품 분리수거 작업을 공동으로 합니다. 분리수거가 있는 날은 며칠 전부터 마을방송으로 공지를 합니다. 모날 모시에 재활용품 분리수거를 하므로 부녀회원들은 한 사람도 빠짐없이 참석하라고 거듭 안내하는 것이지요. 농번기를 피해서라고는 하지만 사실 농사일이나 집안일이 얼마나 많으며, 하다못해 병원을 가거나 다른 일을 하더라도 내게 당장의 도움이 안 되는 공동작업을 기다리고 있는 사람이 어디 있습니까? 그 바쁜 일을 뒤로하고 분리수거에 참석하자니 부녀회원들이 여러모로 부담스러워합니다.

    재활용품 분리수거라고는 하지만 재활용 못 할 물품도 많이 나오고 심지어는 생활박물관에서나 봄직한 몇 십 년 전의 물품도 나옵니다. 부식에 부식을 거쳐 형체도 못 알아볼 만큼 녹슨 일회용 부탄 가스통, 손만 대도 철철 삭아 내리는 플라스틱 소쿠리, 심지어는 불에 타다가 만 공병도 있습니다. 재활용되지 못할 생활쓰레기는 쓰레기봉투에 담아서 회관 앞에 내라고 매번 안내해도 분리수거하는 날 마을회관 앞마당에 쌓인 물품 중 상당수는 분류기준에 부적합한 쓰레기들이 많이 배출됩니다. 상황이 이렇다 보니 부녀회원들이 무슨 쓰레기 처리반이냐며 언성을 높이기도 합니다. 해서 분리수거하는 날이면 여기저기서 누가 이런 쓰레기를 재활용품에 냈냐고 추궁을 하기도 하여 분위기가 사뭇 험해지기도 하는 것이지요. 물론 그중에는 어쩌겠냐고, 노인들이 잘 모르고 그랬는가 보다 하면서 어서 일이 끝나기를 몸으로 보여주는 회원들도 있습니다.

모든 부녀회원들이 다 참석해야 한다고 해도 참석이 어려운 회원도 있습니다. 몸이 아픈 사람, 직장에 다니는 사람, 갑자기 어디를 방문한다든지 해서 매번 전원참석이 되는 것이 아닙니다. 모두가 즐기는 일이라면야 빠지는 이에 대해서도 그다지 신경쓰지 않을 것을, 힘들기도 하고 꼭 내 일인 것만은 아니라고 느껴지기도 하다 보니 말이 많아지는 것입니다. 회를 거듭할수록 회원들의 불참이 잦아지자 이번에는 분리수거에 불참할 경우에는 5천원의 벌금을 매기자고도 합니다. 한마디로 재활용품 분리수거하는 날의 마을회관은 그야말로 온갖 재활용품과 분리되지 않는 쓰레기들, 사람들의 수군거림과 분주한 손놀림으로 북새통을 이루게 됩니다. 사실 예전에는 산골짝이나 도랑가 등 구석진 곳에 가보면 예사로 무더기 무더기 버려지던 생활쓰레기를 볼 수 있었습니다. 하지만 최근에는 농사용 비닐도 재활용품으로 수거되고 웬만한 재활용품 쓰레기는 분리수거 하다보니 농촌 구석구석이 깨끗해지고 있습니다. 무엇보다 가뜩이나 지구온난화로 인한 이상기온이 절정을 이루는 시절에, 쓰레기를 버리거나 태우거나 하지 않고 분리수거함으로써 환경을 지키는 일에 작지만 의미있는 활동을 하는 것이니 그야말로 값진 일이지요.

　이렇게 값진 활동인 재활용품 분리수거가 때때로 부녀회원들에게 반목과 갈등의 요인이 되고 있으니 안타까운 일이지요. 백번 이해는 갑니다. 그 바쁜 일상을 뒤로하고 꼭 참여해야 하는 문제, 플라스틱과 페트를 엄밀히 구분해야 하는 까다로움, 마을주민들의 비협조로 쓰레기인지 재활용품인지 구분이 안 가는 배출 등의 어려움이 있으니까요. 어려움이 보람으로 바뀌는 데는 몇 가지 공정이 필요한 듯싶습니다. 그런데 실제로는 약간 고지식하게도 마을별 경진대회의 형식으로 진행합니다. 1톤 화물차 2대분의 재활용품에 대한 가격이 고작 2만 원 정도인데, 배출된 재활용품의 양과 마을의 가구 수를 고려하여 연말에 면부녀회에서 시상을 하는 것입니다. 경제적인 방식으로는 이미 경제성이 없는 것입니다. 분리수거를 마치고서 간식을 먹는 비용만도 이미 분리수거 대가를 넘어서니 말입니다.

지구온난화로 인한 농작물의 피해를 영상으로 보여주며 환경의식을 높여내는 교육도 겸하고, 아무리 바빠도 담당공무원이나 단체장들이 마을별로 다니며 당신들의 수고가 지구를 살리는 일이라고 치하를 했으면 좋겠습니다. 그러면 일이 바빠서 불참하더라도 미안함으로 다음에는 더 잘 참석할 것이요, 구분이 까다롭더라도 더 섬세하게 분류를 해낼 것이며, 심지어는 삶도 돌아보게 되겠지요. 쓰레기를 덜 배출하는 생활방식을 추구할 것이고, 기왕이면 재활용 가능한 생활용품을 선호할 것입니다.

12월 기온치고는 높아도 한참은 높고, 게다가 매주 반복되는 겨울비로 월동작물들의 피해가 심각한 지경에 이르고 있습니다. 환경을 파괴하는 요인이 너무 많고 일일이 통제하기 어려운 상황입니다. 전 세계 국가들이 기후변화 대책회의를 한다고 부산을 떤다만 속 시원한 해결책은 못 내놓고 있습니다. 그 와중에 농촌마을에서 부녀회원들이 분리수거를 하는 곱디고운 모습이 참으로 훌륭하지요. 다만 부녀회의 경진대회 방식으로 재활용품 분리수거를 실시하는 모습이라니 안타깝습니다.

품앗이, 사람살이의 정수

우리 마을에는 아직 품앗이의 전통이 남아있습니다. 웬만한 농사일은 각자가 자기 일을 하지만, 한꺼번에 많은 일손이 필요한 일을 할 때면 서로 힘을 보태야 해서요. 일 년에 두 번, 마늘을 심을 때와 그 마늘이 자라나서 비닐을 씌우는 멀칭작업을 할 때입니다. 평소에는 각자가 자기일 하느라 제대로 이야기도 못 나누지만 품앗이 하는 날은 한나절 이상씩을 함께 하다 보니 그동안 못 나눈 이야기며, 궁금한 이야기를 나누어 관계의 밀도가 높아집니다. 누가 마늘을 먹는 법을 알아내서 우리가 이 고생을 하냐고 농담도 해가며 농사일의 고달픔을 삭힙니다.

품앗이는 주로 여성들 간에 많이 이뤄집니다. 남성들의 일은 대부분 기계화되어서 그다지 많은 손이 필요하지 않지만, 정교한 일을 여성들이 맡아서 하다 보니 기계화가 어려운 일을 여성들이 하는 것입니다. 마늘 심기도 그중 하나입니다. 마늘 뿌리와 싹트는 부위가 반대로 심어지면 발아가 잘 안 되어서 손으로 심어야 합니다. 한지형 마늘은 그래도 괜찮지만 우리 지역에서 주로 심는 난지형 마늘은 제대로 성장을 못하기 때문에 아직도 기계로 심는 것이 온전히 개발되지 못하고 있습니다. 우리 지역의 마늘 심기뿐만 아니라 딸기 정식, 고추 정식, 양파 정식 등 정교하고도 한꺼번에 여러 사람의 손이 필요한 일은 이웃들과 으레껏 품앗이를 하는 것입니다.

말이 쉬워 품앗이가 좋은 전통이라고 하지, 품앗이는 결코 쉬운 것이 아닙니다. 뭐니

뭐니 해도 사람의 눈과 입이 가장 무서우니만큼 가족 내에서 이뤄지던 노동이 다른 사람과 함께 이뤄지다 보니 조심스럽기 짝이 없습니다. 게다가 남의 손이 흐트러지지 않도록 야무지게 일 준비가 되어야 마무리까지 일사천리로 갈 수 있습니다. 한 가지 일이 틀어지게 되면 저마다 한 마디씩 말을 보태는데 그것을 감당하기란 쉽지 않습니다. 고용된 사람은 주인의 일에 관여하지 않고 주어진 일만 하게 되지만, 품앗이로 일을 온 사람은 고용과 피고용의 관계가 아니기 때문에 저 할 소리 다 하기 마련이니까요. 그러니 한꺼번에 일을 해낼 수 있는 이점이 있지만 품을 얻는 날은 마음이 고됩니다. 평소에는 목을 축이는 찬물 한 바가지면 무난하던 새참도 이것저것 정성을 다해야 하므로 더욱 신경이 쓰이는 것입니다. 새참과 들밥 준비를 잘 하는 집에 일꾼이 끓는다는 말도 있습니다.

무엇보다 품을 얻는 것을 통해 그 집의 처신을 살펴볼 수도 있습니다. 사람살이의 정수가 품을 얻는 과정에서 드러나기 때문입니다. 지혜롭게 잘 처신하면서 남의 일을 잘 돌보는 사람의 집에는 일손이 넘쳐나고, 이기적으로 처신하면 일손을 얻기 어려운 것입니다. 특히 안주인의 사람 됨됨이와 품앗이와는 뗄래야 뗄 수 없습니다. 새참 하나에도 정성을 다하고 일 시간도 일꾼들에게 편리하도록 배려하는 지혜가 담겨야 평판이 좋게 나니까요.

그래서 시골살이가 더 어려운지도 모르겠습니다. 문 걸어 닫고 내 취향에 맞는 사람하고만 깊은 관계를 맺는 것이 아니라 원하든 원치 않든지 간에 누구와도 어울려야 하고 누구에게나 노출이 되는 삶을 살다 보면 전부가 드러나고 가림없이 평가받게 마련이니까요. 혹자들은 말합니다. 마음이 맞는 사람끼리만 살게 되고 마음 통하는 사람끼리만 의견을 나누게 되면 한쪽만 보게 되는 한쪽 삶만 살게 된다고. 그러니 누가 뭐라 해도 품앗이 해가며 남의 이목에 신경 쓰며 함께 사는 삶에 건강함이 있는 것이지요. 지나치게 남의 이목에 신경을 많이 쓰고 사는 것도 문제지만 균형감은 언제나 중요하니 더 말할 것 없는 것이고.

이 복잡하고 어려운 품앗이 문화도 이제 거의 막을 내려갑니다. 대부분의 일이 기계화되거나 규모화 되어서 품이 필요 없는 작업이 많아지거나 아예 너무 많은 품이 필요해서 품앗이로 감당할 수 없어서지요. 품앗이가 아직 남아 있다는 것은 소규모 농사에 한해서인 셈입니다. 우리 마을 농사도 이제 규모나 형태에 있어서 막바지 변화를 하고 있습니다.

오늘은 내일 있을 마늘 멀칭 일을 위해 품을 구하느라 애를 썼습니다. 뻔히 무릎이 아프고 어지럼증이 있는 분인 줄 알면서도 어쩔 수 없으니 품을 얻으러 갈 때의 미안함이며, 잘 해드린 것 하나 없는데 나 어려울 때 품을 달라고 하는 뻔뻔스러움에 뒤통수가 간지럽지만도 때를 맞춰 해야 하는 일 앞에서 작아지고 맙니다. 그러니 기계화가 덜 된 농사의 품앗이에 사람살이의 정수가 담겨있습니다.

작목반에 가입하며

집 뒤 경사진 언덕에 100평에서 200평 사이의 자그마한 밭들이 많습니다. 텃밭농사에 딱 좋은 규모입니다. 텃밭에서 여성농민의 권리를 찾자고 그동안 외쳐댔으니 책임 있게 나서야 하는 과제도 있었고 또 생태농업에 대한 낭만도 꿈꾸고 있던 터라 겁 없이 덤볐습니다. 하지만 막상은 어설픈 환경지기여서 일은 일대로 많고 풀은 풀대로 많습니다. 농사철이면 그야말로 풀과의 전쟁입니다. 그러니 자연히 농사도 풀과 경쟁해서 잘 견디는 그런 작물을 선호하게 된 것입니다. 그러던 차에 인근 마을의 언니가 호박 농사를 권했습니다. 김매기를 덜 해도 된다 하니 귀가 솔깃해질 수밖에요. 작목선택이 풀과의 경쟁력 우선이라니 웃기는 일입니다만.

지역에 호박작목반이 있습니다. 작목반에 가입하는 것이 작은 소원이었던 차에 총회가 있다는 소식을 듣고 호박농사를 권한 언니와 함께 참석해서 주저 없이 가입했습니다. 작목반에 가입하면 호박 농사에 관한 유익한 정보를 나눌 수 있고, 박스값이나 모종값 일부를 지원해주는 부차적인 이득까지 있으니 마다하거나 머뭇거릴 이유가 없었던 것이지요. 그런 이유로 많은 농민들이 작목반이나 법인체를 만들고 가입합니다. 또 정부의 웬만한 보조사업도 개인보다 법인이나 작목반 등 생산 조직에 이뤄집니다.

일반 농민들에게 그 당연한 과정이 나에게는 하나의 소원으로까지 자리하게 된 것은 여성농민에게 농업법인이나 작목회 등이 그만큼 먼 거리에 있기 때문입니다. 앞서 말했듯 사실 농민에게 작목반 가입하는 것쯤이야 별다른 보람이나 의미가 붙을 것도 없습니다. 응당한 요구이지요. 하지만 농가 단위로 구성되는 작목반에 남성이 작목반의 주 구성원이다 보니 굳이 여성농민도 같이 작목반에 가입하는 것은 흔치 않은 일입니다. 이미 농업선진국에서는 협동조합이나 작목반 등의 경제조직에 남녀가 개별가입하는 것을 권장하는 추세입니다. 농사의 주체가 '농가'가 아니기 때문입니다. 농가는 그야말로 농민들의 최소 생활단위이고, 농사의 주체는 개별 '농민'이기에 농업의 발전이나 생산자로서의 보람이나 성취로 보자면 '농민'에 집중하는 것이 맞고, 농민이 경제조직에 가입하는 주체가 되어야 한다는 것이지요. 거기에 남녀가 따로 없다는 것은 두 말할 나위가 없는 것이지요. 그렇게 본다면 우리의 농업구조나 인식은 한참은 후진적인 셈입니다.

호박 농사야말로 여성농민들의 작목이라 해도 과언이 아닐 만큼 여성농민의 기여가 큰 작물입니다. 원하는 만큼의 수정이 이뤄질 때까지 곁순을 손봐줘야 하고, 또 호박이 앉은 자리는 습기가 차지 않도록 관리해야 합니다. 그러니 바쁜 마늘농사철에도 아침저녁으로 짬짬이 시간을 내어 호박밭에 허리를 굽히거나 쪼그리고 일하는 이는 십중팔구 여성농민입니다. 그런데도 작목반 총회에서 보조금을 나누는 일이며 모종을 주문하는 일이나 호박 재배기술교육, 선진지 견학 등의 중요 일정을 잡는 것은 작목반에 가입한 사람들에 의해 결정됩니다. 그러니 남성이 농가를 대표하는 격이므로 농업을 내용으로 지역사회와의 연결은 여성농민에게 차례지지 않습니다.

아니나 다를까 호박작목반에는 남자 어른(?)들이 주를 이루고 있었습니다. 비교적 젊은 여성이 작목반에 가입하겠다 하니까 자꾸 눈길을 주셨습니다. 하지만 애써 피하지는 않았습니다. 내심 부끄러우면서도 마치 여성농민을 대표하여 민족 중흥의 역사적 사명을 지닌 그 무엇처럼 당당하게 시선 응대를 하였습니다. 그 틈에서 아직은 중요한 발언을 꺼내거나 다른 의견을 던지기도 쉽지 않을 것입니다. 어차피 작목반 내에서의 활동은 신뢰가 더 우선되어야 하므로 더 많은 시간을 같이하며 관계를 맺어야 최소한의 역할을 할 수 있겠지요. 이제 그 첫발을 내딛는 것에 못내 우쭐거려집니다. 여성농민의 이름으로 천천히 조심스럽게 지역사회에 발을 디뎌 봅니다.

생명을 일구는 사람들의 완강함이란

10년도 전의 이야기입니다. 한-칠레 FTA 협상 체결에 대한 농민들의 분노가 극에 다다를 즈음이었지요. 농업강국 칠레와 자유무역을 하게 되면 우리 농업이 다 망하게 될 것이라는 농민들의 걱정과 위기감이 극에 달했던 때입니다. 안 그래도 정부의 농업정책에 불만이 컸던 농민들은 FTA를 막기 위해 이 투쟁 저 투쟁 별별 투쟁을 다 했던 것입니다. 그러다가 정치권을 압박하기 위한 다소 기발한(?) 투쟁을 생각해냈습니다. FTA를 찬성하는 국회의원 조상들의 묘를 파버리겠다는 것이었습니다. 물론 실제 훼손시킨 사례는 없었고, 다만 조상을 섬기는 우리의 전통문화에 기초해서 정치적 불명예를 안기겠다는 것이었겠지요. 남의 조상묘를 어찌어찌 알아서 찾더라도 쉽사리 그 통념의 경계를 넘어서기는 어려웠던 것이었습니다. 누구라도 말입니다.

어느 지역이었던가요? 농민들이 괭이와 삽을 들쳐 메고 모 국회의원 조상의 묘를 찾아갔더랍니다. 이 소식을 들은 묘지기 부부가 경사진 긴 언덕을 끝까지 따라와서 막더랍니다. 그때만 해도 비교적 젊은 농민회원들이 분기탱천하여 무리를 지어서는 겁박을 주기도 하고 사안의 중차대함에 대해 설명하기도 하며 설치니까 힘의 관계상 남자분은 어쩔 수 없이 돌아서는데, 여자분이 끝끝내 막아 나서더랍니다. 원래 겁만 주고 돌아서는 게 각본인데 여자분이 워낙 강하게 막아 나서는 바람에 여자분 때문에 어찌지 못하고 돌아서는 모양새가 되었다는 얘기를 들었습니다. FTA만 가지고 보자면 같은 농민으로서 참 안타깝지만 그 여자분의 완강함에 대해서는 두고두고 회자하곤 합니다.

우리나라만의 이야기도 아닙니다. 언제인가 인도네시아의 농민들과 간담회를 한 적이 있습니다. 큰 부담 없이 이런 저런 농업상황을 서로 나누는 자리였지요. 역시나 나라와 조건이 다름에도 농업은 우리와 크게 다르지 않았습니다. 이런 저런 얘기 끝에 농민들의 싸움 양상에 대해서도 얘기를 나누었습니다. 그중 한 분이 슬쩍 웃으며 투쟁단의 앞쪽에 여성들을 세운다고 했습니다. 경찰들이 여성농민들에게는 덜 폭력적이기도 하고 또 여성농민들이 완강하게 싸운다는 것입니다. 웃음기를 머금고 말했던 것은 아마도 일말의 미안함이나 정당하지 못함을 말하는 것이었겠지요. 응당 힘센 남성이 앞에 서서 더 가열차게 싸울 것 같은데 말입니다. 그러자 여성농민 한 분이 자신의 팔을 보여주며 경찰과 싸우다가 부러졌었다고 말을 했습니다.

지난 주말에는 잠시 틈을 내서 마늘장아찌와 열무김치를 담궈서는 성주를 다녀왔습니다. 조용하다 못해 심심하기조차 하던 농촌 마을이 사드부지 선정으로 쑥대밭으로 변해 있었습니다. 오가는 사람들과 정담을 나누는 곳, 농사일조차 어려운 어르신들이 시간을 보내는 곳, 마을 대소사가 이뤄지는 마을회관은 그야말로 야전사령부가 되어 있었습니다. 줄지은 경찰버스들은 24시간 시동을 끄지 않고 매연과 엔진소리를 뿜어댔습니다. 논밭을 가려 해도 경찰과 실랑이를 벌여야 하고 마을주민들은 일거수일투족을 감시받는 듯한 생활에 고요함을 잃었습니다.

더군다나 부녀회장님은 경찰들의 폭력에 이가 부러져서는 마스크를 쓰고 계셨습니다. 한밤중에 도둑처럼 무기를 들여놓던 군을 지키던 경찰들이 마을주민들이 접근하지 못하게 막았던 것입니다. 경찰들은 다친다고 가만히 있으라 했지만 마을이 무너지는 현장을 눈으로 직접 보는 농민들이 저항하지 않을 수 있던가요? 나이 드신 농민들의 분노와 저항은 고작 매달리기 수준이건만 그 농민들의 관절을 꺾으며 현장 밖으로 달랑달랑 들어냈다 하니 얼마나 기가 찼겠습니까? 그 와중에 부녀회장님을 비롯한 마을주민 몇 분들께서 다쳤던 것입니다. 필시 그 싸움은 중과부적이었을 것입니다. 경찰들의 숫자가 몇 십 배는 더 많았을 것이고 분위기는 매우 살벌했을 것입니다. 그럼에도 끝까지 나섰던 힘, 지키고자 하는 것 앞에서는 물러서지 않는 그 완강함이야말로 생명의 힘이었던 것이겠지요. 권리를 지키는데 남녀노소가 따로 있겠냐만 생명을 일구는 사람들은 확실히 더 완강한 것은 틀림없나 봅니다.

아이 좋아라, 여성농민 바우처카드

바우처라는 말을 들어보셨나요? 우리말로 상품권이라는 뜻이랍니다. 상품권은 현금과 달라서 특정한 분야에만 쓰도록 정해져 있습니다. 따라서 바우처 사업의 성격과 대상에 따라 사용용도가 정해지는 것이겠지요. 그동안에는 주로 산모나 장애인, 저소득층 청소년 등 사회서비스를 받아야 되는 계층의 사람들에게 지원되던 사업이었습니다.

그러던 것이 작년부터 여성농민에게도 시행되기 시작했고 올해는 전국적으로 확대가 되고 있습니다. 경남의 경우 20세에서 65세의 여성농민들에게 교육, 의료, 문화, 레저 등의 분야에 쓸 수 있도록 1년에 자부담 2만원이 포함된 10만원을 지원합니다. 65세까지 지원받는 경우가 대부분이지만 충북은 현실적으로 계산해서 73세까지 지원을 한답니다. 암요. 실제 영농에 종사하는 분들의 연배는 그것이 더 정확한 셈이니까요. 금액도 충남은 15만원이고 경기는 20만원이라 하지요. 아래지방으로 내려올수록 지원규모가 작아지는 것을 보니 서울에서 멀면 지원규모도 작아지나 봅니다. 세금은 똑같이 내는데 말이지요. 말하자면 중앙정부가 나서서 지원을 하는 것이 아니고 지방자치단체에서 먼저 시행을 하기 때문에 지방자치단체의 재정현실에 맞추거나 단체장의 여성농민에 대한 철학의 차이에 기인하겠지요.

지난 2월초, 마을 이장님들께 여성농업인 바우처사업 신청을 받으라고 공문이 전달

됐을 때만 해도 사람들의 반응은 시큰둥했습니다. 처음 시행되는 사업의 경우, 사업의 목적과 과정에 대한 얘기도 명쾌하게 했어야 하나 추측컨대 공문만 내려온 듯합니다. 그러니 때맞춰 방송을 하는 이장님도 계시고 안 하는 이장님도 계셨던 것이지요. 이장을 하는 남편의 공문을 접수한 나는 신나서 여기저기 아는 언니들에게 연락을 했습니다. 이장님이 방송하시면 신청서를 받아서 꼭 신청하시라고, 공연을 보러 가도 되고 파마해도 되고 헬스장에 가도 되니까 놓치지 말라고 했습니다. 매월 10만원도 아니고, 연 10만원에 자부담이 20%나 되니 그까짓 것으로 뭘 하겠냐고 투덜거리는 사람, 오래살고 볼일이라며 여성농민에게 지원하는 것도 다 있냐고 하는 사람, 소득을 증빙할 의료보험증 사본을 제출하려니 귀찮다고 하는 사람 등 반응은 천차만별이었습니다. 얼마 전 여성농민 바우처 신청자격심의회의에 들어갔더니 신청자가 적어서 6월말까지 연장하고 의료보험증 사본 제출도 없앴다고 합니다.

요즘에는 대부분 줄어들었거나 없어졌지만 농촌총각 국제결혼을 지원하는 지자체들이 있었습니다. 이것을 본 여성농민들의 반응은 거의 격앙수준이었습니다. 농촌이 얼마나 살기가 어려우면 처녀들이 시집을 안 오겠냐고, 농촌여건을 좋게 해주거나 아니면 그럼에도 불구하고 현재 농사를 짓는 우리들에게도 고생한다고 격려를 해야지 뜬금없이 국제결혼자에 대한 지원은 무엇이냐고 했던 것입니다. 암만요, 옳은 지적이지요. 가난한 나라에서 태어나 또 가장 어려운 일을 하러 오는 그 친구들이야 그렇다 쳐도 여성농민으로 살아가는데 대한 그 고단함을 사회적으로 인정하지도 않는 분위기에서 뒷감당은 않고 떡하니 결혼만 목적으로 하는 정책에 분노할 수밖에요.

쓰는 사람 입장에서 10만원은 참 작은 돈이지요. 큰 미용실 한 번 다녀오는 값일 뿐이고 좋아하는 가수 공연을 보려 해도 구석진 자리에서 볼 수밖에 없고 집 나서서 여행하려면 하루 숙박비도 모자라는 약소한 금액입니다. 하지만 여성농민이라고 누군가로부터 인정받는 일, 처음 있는 일이지요. 여성농업인 육성법은 있지만 여전히 농정담당자들의 머릿속에는 여성농민이 주요한 정책파트너라는 인식이 없습니다. 있더라도 무엇을 어떻게 해야 하는지 제대로 감을 잡고 있지 않지요. 그런 의미에서 모든 여성농민에게 지급되는 여성농민 바우처 사업은 참으로 의미있는 일이라고 생각합니다. 문화복지영역에 대한 지원으로 시작해서 궁극적으로는 여성농민을 생산자의 지위에 정확히 올려놓는 일이지요. 이제 시작입니다. 지자체에서 먼저 시행되었다는 말은 지자체에서는 여성농민의 중요성과 그 가치를 알게 되었다는 것이겠지요? 그럼 이제 중앙정부가 움직일 일만 남았습니다. 여성농민, 말하자면 온갖 어려움에도 식량을 생산하는 하늘같은 사람들을 진심 귀히 볼 줄 아는 매의 눈을 가진 그런 지도자를 찾습니다

새해 영농교육을 다녀와서

해마다 본격 농사철로 접어들기 전인 이맘때에는 지역농협이나 농업기술센터에서 작목별로 영농교육을 시행합니다. 교육을 주관하는 단위에서는 농민들에게 실질적인 도움이 되는 교육이 되고자 검증된 강사를 초빙합니다. 나름 그 분야 최고 권위 있는 전문가나 연구자를 모십니다. 자주 들어도 들을 만한 내용이 많은지 농민들의 관심과 참여가 높은 편입니다.

이곳 남해는 단호박 생산량이 전국 5위쯤 되는 곳입니다. 바닷가 경사진 다랑논밭은 작고 좁아서 오늘날의 농법으로 보자면 불리한 조건입니다. 넓은 논밭에서 기계로 퇴비나 비료를 살포하고 비닐 멀칭도 기계작업으로 하는 시대에, 경사지고 좁은 논밭이라 그 모든 작업을 손으로 하니 고생이 이만저만 아닙니다. 그런데 습기를 싫어하는 호박의 생리상 되레 재배가 적격이라니 그 자체로 나쁘기만 한 것은 없다는 말이 맞나 봅니다. 아무래도 넓은 농지는 배수가 어려운 편이니까요. 게다가 바닷바람에 실려 오는 미네랄 성분 때문인지는 몰라도 무슨 작물이든지 맛나다 합니다. 하니 그 하나는 경쟁력 있는 셈입니다. 호박 농사 주산지답게 일전에 인근 농협에서 미니 단호박 재배교육을 해서 호박 농사를 짓는 언니들과 함께 다녀왔습니다. 문을 열고 들어가자 어랍쇼? 뒷문 가까이에 생각보다 많은 여성농민들이 자리하고 있었습니다. 여성농민들의 관심이 많은 작물인가 여겨졌습니다. 작년 봄 고추재배 기술교육보다 비율이 조금 높은 편이었으니까요.

그런데 뒤에서 세 줄까지 정도만 여성농민들이 앉았고 그 앞에서부터는 찾을 수가 없었습니다. 뭘까요? 왜 여성농민들은 배우는 자리에서도 뒤편에 앉는 것일까요? 혹자들은 부끄러움이 많아서라고 할 수도 있을 것이고 오랫동안 그렇게 해왔던 관습이라고도 할 것입니다. 분명한 것은 오랫동안 그렇게 구분 지어 살아왔고 사람들의 앞쪽에 나서는 것을 조심하는 것이 지혜로운 여성으로 인정되었던 바, 그렇게 하는 것이겠지요. 조신하고 또 조신하며 살아온 여성농민들은 자신을 낮추는데 한없이 익숙해져 있었던 것입니다. 그래서 나이들수록 '내 탓이오'라며 우울증을 많이 앓게 되는 것일까요?

교육내용은 말하자면 그럭저럭 들을만했습니다. 호박 농사의 특성과 사양관리까지 꼼꼼하게 안내해줘서 도움이 되는 편이었지요. 그런데 뒤쪽에 앉은 중로의 여성농민 교육생이 수시로 쿡쿡 찌르며 자꾸 물으십니다. "흰가루병약을 언제 치라카노?" "한 평에 몇 포기를 심어라꼬?" 자료집에 적혀있는데도 말입니다. 실은 그 교육이 조금 어렵게 들렸나 봅니다. 낯선 한자에, 영어로 된 전문용어가 익숙하지 않기도 하거니와 교육을 자주 접하지 못하였겠지요. 무엇보다 감성이 다릅니다. 어느 대목에서 공감해야 할지, 무엇에 방점을 찍어야 할지 서로 느끼는 교차지점이 다른 것입니다.

그래서 말입니다, 제안하자면 여성농민을 대상으로 하는 교육을 따로 하는 것이 어떨까요? 기왕이면 여성의 감성을 제대로 알 수 있는 강사면 좋겠어요. 자신의 지식을 뽐낼 양 전문용어를 팍팍 구사하는 강사보다, 당신들의 노고를 익히 알고 있다고 존중하는 자세로 자세한 안내를 해주는 그런 강사라면 좋겠어요. 아주 쉬운 내용이라도 잘 못 알아듣겠다면 서슴지 않고 질문할 수 있도록, 두 번 세 번 설명해도 알아듣기 힘들면 열 번이라도 거듭 설명하는 자상함을 가지고 교육할 수 있는 그런 강사, 어디 없나요? 없으면 키워야지요. 농사의 사양관리를 여성농민들이 많이 하는데, 쉽게 이해하고 실행하도록 교육을 한다면, 한국 농업의 질적 발전이 따르지 않을까요? 특히 새로 당선된 조합장님 여러분! 품목별 교육도 그렇게 해봄 직하지 않으십니까?

실험정신을 허하라

고추 유기농 전문가의 강연이 있다는 소식을 듣고 가을농사 준비로 몸보다 마음이 바빠지는 철인데도 일 걱정일랑 훌훌 털고 교육에 참석했습니다. 그도 그럴 것이 사실 관행 고추농사는 약대를 들고 살아야 하기 때문입니다. 우리 집처럼 고추 농사를 조금 많이 짓는 집은 그 부담이 매우 큽니다. 품도 많이 들고 농약값도 많이 들지만 잦은 농약살포에 안전이 걱정되기도 하고 매번 약을 치는 우리 부부의 건강도 걱정이 되는 까닭에 유기농으로 고추 농사를 지으면 얼마나 좋을까 하는 바람을 늘 갖고 있었으니까요.

한여름 농사꾼 교육생의 학습태도는 뻔합니다. 조는둥 마는둥 하다가 교육 말미에 예의 그분을 만났습니다. 외모로는 강의의 질을 평가하기 어려우리만치 평범한 농민의 모습이었습니다. 그런데 강의와 함께 반전 시작되었습니다. 반복되는 실험, 그 결과를 정밀하게 적용하는 태도는 농민이 아니라 정부출연 연구기관에서 일하는 분 같았습니다. 사람들의 호기심을 정확하게 파악해 명확한 설명으로 되물을 필요가 없도록 했습니다. 여기저기 감탄의 목소리가 연발해서 터져나오고 비로소 수강생들이 등허리를 곧추 펴고 자세를 가다듬어 몰입도가 높아졌습니다.

강사의 이력도 만만치가 않았습니다. 중앙일간지 기자 생활을 접고 귀농한 지 20년차의 농민이라는 이력도 특이하였습니다. 그 정도의 출신성분이면 작목을 택할 때 품

나는 특용작물이나 고부가가치가 창출되는 상업작물을 택하게 됩니다. 그런데 하우스 고추도 아닌 하필이면 노지 고추농사라뇨. 놀랄만한 일이지요. 무엇보다 농사와 농민에 대한 애정, 남다른 연구 자세가 확실히 돋보였습니다. 실험정신이 강한 농민들이 대부분 실패를 거듭하는 모습을 주변에서 여러차례 봐 왔습니다. 그냥 남들처럼 농사를 지으면 될 것을, 남들 하지 않는 재주를 부리다가 농사를 망치는 바람에 주변에서 인정 받지 못한 분들이 의외로 있습니다. 사실 결론은 실패라도 과정에서 남은 그 무엇은 있는 것이고 그 무형의 결과가 농민들에게 전파되어 우리가 실패를 덜 하는지도 모를 일이지요. 다만 실패의 반복은 살림을 망치므로 그것이 문제가 되는 것이지요. 어쨌거나 강사분의 농사와 교육은 달라도 확실히 달랐습니다.

문제를 해결하기 위해 심지어 그 유명한 과학전문 잡지 '네이처'까지도 구독을 한다 하니 말해 무엇하겠습니까. 그러면서 농사의 기본은 토양학과 화학이라는데 그 순간 머리가 아찔했습니다. 들어나 봤나 화학, 그 수많은 원소 기호를 외우기도 힘들었거니와 공포의 원소주기율표는 화학을 일찌감치 멀리하게 만든 장본인입니다. 그런 화학 공부를 기본으로 해야 유기농 농사를 완성할 수 있다니 화학 문외한으로서 유기 농사가 더 겁나게 느껴지기도 했습니다. 각 작물에 어떤 원소가 필요한가를 이해해야 과잉 시비를 하지 않게 하고 그래야 병해충이 덜 달려들어 튼튼한 작물을 키울 수 있다는 것이었습니다. 한 마디로 농사는 과학이고 그 밑바탕에라야 친환경이든 관행이든 제대로 된 농사를 지을 수 있다는 것입니다. 진리의 세계는 아득도 하다는 것을 실감한 자리였습니다.

그러고도 드는 생각, 여성농민적 관점이지요. 그분의 실력이 워낙 뛰어나서 개인의 피나는 노력의 결과임에 틀림이 없다고 생각하면서도 안 받침 없이 가능했을까? 하는 생각과 여성농민의 끝없는 실험정신이 통하기나 할까? 하는 불손한(?) 생각이 스쳤습니다. 이럴 때 떠오르는 단상이 있었으니, 수박 농사꾼의 이야기입니다.

잘 아는 어떤 부부가 수박농사를 짓는데 아내더러 수박 순을 잘 못 관리한다고 성화를 내는 통에 어느 날부터 비닐하우스의 왼쪽 이랑은 아내가, 오른쪽은 남편이 나눠서 작업하기로 했답니다. 장난기와 불신이 담긴 내기였겠지만 아내는 자신의 수박 순 관리에 자부심을 느끼고 있었기 때문에 남편에게 승부수를 던진 것이지요. 예상대로 아내의 수박관리가 월등히 좋았다 합니다. 내막도 모른 체 다짜고짜 폄훼되기 쉬운 여성농민의 노동에 실험정신이 포개지면? 참 많은 갈등이 따르겠지요. 그 갈등을 딛고서 주변의 요구 따위에 아랑곳없이 성과를 내는 연구적 여성농민이 될 수 있다면 얼마나 좋겠습니까? 예리한 통찰력과 풍부한 지적 호기심을 가진 여성농민들도 많습니다. 하지만 그 기질과 실력이 한 차원 뛰어넘는 수준으로 발전하는 경우를 보기는 어렵습니다. 대문호 세익스피어의 누이처럼 말입니다. 대부분 본인의 기질이 두리뭉실하게 세상에 묻힙니다. 아깝게도 말이지요.

아 참, 교육 때 배운 좋은 정보 하나 알려드릴까요? 거세미나방 애벌레는 아교 성분을 좋아해서 저녁에 달걀의 껍질을 두고서 아침에 가보면 오글오글 모여있답니다. 믿거나 말거나.

여성농민,
지방선거 후보에게 요구한다

본격적인 2016년 지방선거 운동 기간이 코앞으로 다가왔습니다. 그전까지는 후보를 알리면서 선거조직을 정비하고 조직체계를 세우는 일에 집중했다면, 이제부터는 정책을 말하고 다닐 시기이지요? 혹자들은 정책 따위는 필요 없다고, 구도만 좋으면 된다고들 합니다만 때로 좋은 정책이 후보를 대신할 수도 있습니다.

대규모 산업단지 유치로 지역경제를 살리겠다는 말은 이제 통하지 않지요? 대신 지역의 사회적, 인적 자원을 바탕으로 조화롭게 일을 꾸며 나가는 것이 바람직한 모양새인 듯합니다. 농촌 지역의 상당수가 여성농민인데 기실 그들을 위한 정책의 대부분은 노인복지정책으로만 존재합니다. 생산자로서, 직업인으로서의 여성농민 정책은 별다르게 기능하지 않습니다. 그러니 이번 지방선거에서 각 후보들에게 여성농민 문제를 요구해봅시다.

첫째, 직업인으로서 여성농민 인정! 농촌 일자리 창출! 이것을 개별 여성농민으로 국한하면 성과를 내기 어렵습니다. 여성농민이 주가 되는 공동체를 육성 지원해야 할 것입니다. 그리고는 생산과 가공, 유통을 한 번 맡겨보십시오. 지형이 달라질 것입니다. 이미 농업기반이 확보된 대농가들 외에 소농가와 귀농·귀촌자를 연결지어 공동체를 구성하게 해서 지역의 먹거리체계 안으로 들이면, 훨씬 지속적이고 안정적으로 자리가 잡힐 것입니다. 복잡할까요? 읍면당 하나씩만 만들어도 금세 확산될 것입니다. 이걸 누가 추진하냐구요? 그러니까요, 시군단위에 여성농민정책 담당자 1인씩 배치해서 역할하게 해야지요.

둘째, 노동강도가 세서 근골격질환이 그림자처럼 따라다닙니다. 이를 해결하기 위해서는 노동력 경감을 위한 소형농기계 개발 및 보급을 해야 합니다. 개발만 해서는 여성농민의 손에 가지 않습니다. 내 손으로 해야 직성이 풀리기도 하겠지만 막상은 경제적 부담을 떠안고서 기계를 사기가 어려운 것이지요. 자신을 위해 돈을 쓰는 일에 익숙하지가 않기 때문입니다. 가볍고 조작이 쉬우며 능력이 우수한 값싼 밭고랑 제초기 정도는 만들 수 있지 않을까요?

셋째, 여성농민 바우처사업 비용, 통 크게 확대합시다. 연 10만원이 뭡니까? 그것도 65세 이하만. 실제 농사일은 70대 초반까지 엄청나게 하잖아요. 새벽부터 저녁까지, 때로 포장작업할 때면 밤늦도록 일하고, 그 와중에 가사노동 전담, 마을 대소사 돌봄까지 여성농민이 사회에 기여하는 정도를 계산하자면 8만원은 너무 인색한 비용이지요. 경기나 충남처럼 20만원, 15만원이어도 후한 것은 절대 아닙니다. 연령도 높여야 합니다.

넷째, 각종 회의구조에 여성의 참여비율을 동수로 끌어올리겠다는 공약도 멋집니다. 어느 자리든지 여성이나 남성이 동수의 구성일 때 훨씬 풍성하고 합리적이며 민주적인 회의 운영이 이뤄진다는 심리학계 보고서도 있습니다. 경직되고 폐쇄적인 농촌사회의 발전을 위해 고려해 봄직할 일이지요?

또 공동급식 확대도 빼놓을 수 없겠네요. 이밖에도 여러 가지 일이 있지만 이번 선거에서는 이만큼만 제안해놉니다. 좋은 일은 따라 해도 후한 점수가 매겨집니다. 정책으로 만나는 후보의 뒷모습이 제일 듬직하고 오래갑니다.

우리를 연구해주세요

　서푼어치도 못 되는 말재주와 미천한 경험을 갖고서도 아주 가끔 사람들 앞에 나설 때가 있습니다. 대부분 여성농민들 앞입니다. 농업 현실을 이야기하고 또 당신들의 삶이 얼마나 값지고 훌륭한지를 말하다 마지막에 희망 비슷한 바람을 살짝 얹어 말하고는 합니다. 그런데 할 때마다 복잡한 감정이 생겨납니다. 그 무슨 이론가나 행정가도 아니면서 수십 년간 농사일을 해온 고수들에게 그 어떤 교육을 해야할지, 또 숱한 어려움을 헤쳐온 생활의 달인들 앞에서 주름잡는 꼴이 조금 우습게 여겨질 때도 많습니다. 무엇보다 나의 이야기가 주관적인 경험이 아니라 객관적인 자료를 근거로 해서 충분히 연구되고 검증된 이야기인가? 하는 생각에 스스로 되물음을 거듭하게 됩니다.

　사람들 앞에 서고자 할 때면 여러 가지 준비가 필요한데 이야기의 흐름에 필요한 자료를 찾는 것이 가장 큰 어려움입니다. 농림축산식품부가 운영하는 '여성농업인 광장' 통계자료에는 여성농민들의 인구 추이와 결혼 이주여성들에 대한 통계자료가 비교적 상세히 들어있습니다. 또 5년마다 실시하는 여성농업인 통계자료가 있습니다만 이는 여성농업인 육성법에 근거한 몇 천 명 정도의 표본조사입니다. 물론 이것조차도 감사할 일이지만 우리의 삶을 돌아볼 자료치고는, 우리가 세상에 기여하는 정도에 견줘서는 턱도 없이 부족한 자료입니다.

　여성농민의 근골격질환 유병률은? 농기계사용 비율은? 여성농민 농업기술교육 참석률은? 교육 이해도는? 여성농민의 협업 비율은? 여성농민 신용 접근도는? 여성농민 조합 참여 비율과 만족도는? 여성농민의 정신건강 상태는? 여성농민의 가장 큰 어려움은? 무엇보다 지역사회 공헌도는? 잘 모르는 것이지요. 묻지도 않고 알려고도 하지 않으니까요. 세상이 여성농민들의 삶에 관심이 없나 봅니다. 버젓이 여성농민의 손을 거친 농산물을 매일 맛나게 챙겨 먹으면서 말이지요.

공적인 연구에서도 민간차원에서도 제대로 연구되고 있지 않습니다. 100만명이 넘는 여성농민들의 삶이 왜 이렇게도 연구되지 않을까요? 뭐 이상할 것도 없이 이것이 여성농민들의 사회적 지위인 셈이지요. 이렇게 세상의 눈길이 미치지 않고 있으니 노령의 여성농민들이 원정 일당벌이로 나서서 몰죽음을 당해도 아무런 사회적 교훈이 없이 끝나버리고, 해마다 한여름 뙤약볕에서 고추를 따다가 픽픽 쓰러져 가도 대책이 안 생기는 것이지요. 성과는 세상의 몫이고, 아픔은 개인의 것인 참 인정머리 없는 세상이지요. 여성농민들에게는….

여성농업인육성법과 지방조례, 여성농업인 육성계획이 현장 여성농민의 피부에 와 닿지 않는 가장 큰 이유는 바로 시선 때문일 것입니다. 법과 제도와 연구의 시선이 이 땅 여성농민의 손길에 머물 때 비로소 그 이름값을 할 것입니다. 여성농민에 대한 연구, 제대로 합시다. 해야 합니다. 변변한 연구기관 하나 없이, 연구부서도 없이 5년마다 몇 천 명의 표본조사로는 안 됩니다. 여성농민의 삶 깊숙이 들어와서 제대로 된 질문을 뽑아야지요. 그래야 제대로 된 정책이 나올 수 있으니까요. 강연할 때 자료 부족한 것과는 비교도 안 될 이유로 여성농민에 대한 다양한 연구자료가 필요합니다. 이미 늦어서 수습이 어렵다만 지금이라도 말입니다.

새해에는 가계부 쓰는
재미가 있는 삶

    농협에서 가계부를 새로이 만들어서 각 지점에 비치해뒀으니 필요한 사람들은 챙겨 가라고 공지합니다. 고맙게도 공짜로 말이지요. 농협 가계부는 잘 만들어졌습니다. 수입과 지출항목도 큼직하니 쓰기 좋고, 빈 공간의 곳곳을 살려 농촌축제도 알리고 지역 특산물과 그에 맞는 요리법도 있습니다. 가계부의 처음 시작 부분은 해마다 잊어버리게 되는 소소한 가족들의 기념일을 기록하는 공간도 있어 가물가물한 기억을 더듬기에도 좋습니다. 헷갈리면 전년도 가계부를 들여다보면 곧바로 알게 되니까요. 아무튼지 생활 잡기를 기록하기에 유용하도록 잘도 만들었습니다. 그래서 가져가라고 공지할 때 빨리 챙기지 않으면 놓치기 쉽습니다.

    그런 훌륭한 농협 가계부의 용도가 나에게는 농사일지로만 쓰입니다. 처음에는 수입과 지출, 제사며 가족들의 생일까지 꼬박꼬박 기록하는 재미로 가계부와 만났는데, 어느 순간 가계부 쓰기가 재미없어지기 시작했습니다. 수입은 농산물 출하 시기에만 집중되고 대부분 지출 중심의 가계가 짜증나는 것이었습니다. 또 지출의 대부분은 농자재인데 내가 구입할 때와 남편이 구입하는 것의 종류나 규모가 달라 일일이 묻고 알아채서 기록하기가 쉽지 않았습니다. 그러다 보니 수입·지출을 기록하는 가계부 본래의 기능은 쏙 빠져버리고 고추 정식일을 기록하는 일이며 1차 추비날짜 기록, 거기에다 태풍피해 등을 적는 농사일지로 변해버린 것입니다. 지출을 얼마나 했는지 적는 일보다 그날그날 무슨 일을 했는지를 확인하는 일이 훨씬 재밌으니까요. 계획했던 일을 일단락 지어가는 것이 보람차기도 하거니와 다음 할 일을 계획하는 것까지 동시에 이뤄지니 그 맛에 농사일지만을 적는 것입니다.

나만 그런가 싶어 살림 좀 하는 언니들한테 가계부를 적고 있냐고 물어보았습니다. 그런데 다들 안 적는다고 합니다. 역시나 지출만 있어서 쓰기 싫어졌다고, 일정한 소득이 있어서 그로부터 지출을 계획할 수 있다면 가계부를 적는 의미가 있을텐데 그러지 않아서 중도에 그만두었다고들 합니다. 그러고는 남편들이 배를 타거나 막노동 작업을 꾸준히 해서 일정하게 월급을 가져올 때는 그럭저럭 또 가계부를 적었다고 귀띔을 해주기도 합니다. 그러자 한 언니가 큰 소리로, 나름 알뜰하게 살고 뼈빠지게 일하는데도 수지계산을 하다 보니 번번이 적자 살림이라는 것을 확인하게 되어 가계부를 던져버렸다고 합니다. 그 말에 모두가 그게 핵심이라고 맞장구를 쳤습니다. 게으름도 귀찮아서도 아닌, 그야말로 적자투성이인 농가살림에 저마다 가계부를 손 놓았다는 것을 확인한 셈입니다.

그러니 깔깔한 종이에 공간분할이 잘 되고 알록달록 예쁘게 꾸며진 농협가계부를 공급하는 일도 좋지만 가계부를 제대로 쓸 수 있는 농민의 삶이 되도록 다각도로 고민되어야 하겠지요. 물론 5천만원의 농가소득을 실현하고자 노력한다고 광고하는 농협의 성의를 모르는 것은 아니다만 실질적인 측면에서 말하자면 안타까울 때가 참 많습니다. 물론 농협한테만 하는 얘기는 아니지만, 농협 가계부를 손에 넣고 보니 생각이 많아져서 그런 것입니다.

새로운 한 해가 밝았습니다. 바라건데 올해는 우리 여성농민들에게 가계부 쓰는 재미가 있는 삶이었으면 합니다. 매달 주어지는 농가의 소득으로 수입과 지출의 계획이 제대로 이뤄지면 좋겠고, 도시와 균형을 이루는 소득수준이 되면 더욱 좋겠고, 무엇보다 여성농민의 노동이 환산되는 소득이면 최상급이겠습니다. 거기에다 여성농민을 위한 행복 바우처 카드를 멋지게 긁으며 영화 한 편을 보거나, 차량에 기름을 가득 채우고 먼 길을 떠나면 더없이 보람차겠습니다.

지역사회에 대한
지극히 정치적인 생각

　김장과 메주쑤기를 끝으로 그럭저럭 한 해 일은 마무리된 셈입니다. 축산농가나 시설채소 농가들은 여전히 바쁘겠지만 노지 농사를 하는 대부분의 농민들은 이 철에는 비교적 짬내기가 쉽습니다. 어르신들께서는 마을회관으로 모이는 날들이 잦아지고 젊은이들은 동무를 찾아 읍내로 가지요. 더불어서 연말이 가까워지면 각종 계모임이나 동창회, 작목반들과 각 단위에서 결산을 주 내용으로 하는 총회를 엽니다. 큰 무리 없이 총회나 사업보고 대회를 마치고 식사를 하며 그간 서로의 안부를 묻고는 사람 살이의 맛을 느끼곤 합니다.

　연말의 나들이를 보게 되면 그 사람의 사회적 관계망을 알 수 있습니다. 공적인 모임이 많은 사람, 사적인 계모임이 여럿인 사람도 있고, 그 와중에도 외부활동을 아예 하지 않는 이들도 있지요. 새벽부터 저녁까지 오로지 일하는 재미로 사는 이들이 특이하게 마을마다 있습니다. 무슨 재미로 사는지 모르겠다고 뒷말들을 하지만 정작 본인은 개의치 않습니다. 삶의 방편도 다양하거니와 즐거움과 보람을 느끼는 분야도 다르니 그럴테지요.

　크고 작은 모임들을 자세히 살펴보자면 남녀의 차이가 조금 있습니다. 공적이고 규모 있는 모임일수록 남성이 많고, 사적이고 소소한 모임에는 여성의 참여가 많은 것 같습니다. 각 성의 취향도 반영되겠지만 주로는 사회적 지위와 맞물리겠지요. 지역사회에 여성 주도적 참여가 쉽지 않고 장려하는 분위기는 더더욱 아니다 보니 여성 특유의 친화력은 가까운 사람들과의 친밀함으로 표현되는 셈입니다.

 밑바닥 정서야 큰 틀에서 함께 가는 것이지만, 지역의 소문을 끌어가고 정책의 방향을 잡는데 기여되기로는 응당 공적인 모임 쪽이니 이 분야에서 여성들은 배제되고 있지요. 아직도 고전적인 성역할을 가풍처럼 떠받들어 여성이 집안 내에 머물며 농사일과 가사노동 중심으로 역할할 것을 바라는 이는 아무도 없겠지요? 암요, 가정 내에서만의 활동은 다른 사람들과 관계가 맺어지기 어려우므로 재미도 덜하고 성찰과 성장이 더디게 마련이니까요. 혹여라도 여성이 남성들에 비해서 세상 물정에 어둡다고 표현되는 요소가 있다면 바로 여기에서 출발하는 문제이지 않겠습니까? 마을마다 있는 옹고집 농사꾼이 부지런하고 선량해서 다 좋은데 바깥세상 문제에는 고지식한 면이 있는 것도 이런 까닭일 것입니다.

 여성들의 사회활동을 막지 않을뿐더러, 요새는 그런 분위기가 없다구요? 아무리 옳다 해도 한 번 자리 잡은 문화는 쉽게 바뀌지 않잖습니까? 여성에게 억압적이었던 세월을 봐서는 그보다 몇 배의 힘으로 자극해야 방향을 바꿀 수가 있겠지요. 여성의 적극적인 사회참여는 농촌지역 사회를 보다 공정하고도 다정하게 바꿀 것입니다. 마을 개발위원, 마을 이장, 농협 대의원, 어촌계장 등등의 자리에 남녀비율이 엇비슷하도록 안팎의 노력과 지원이 있다면 지금보다 더 달라지지 않겠냐고, 한 해의 끝자락 즈음에 조금은 달달한 생각을 해 봅니다.

부녀회장 안 하겠답니다

이게 겨울인가 싶을 정도로 따뜻한, 그래서 걱정을 넘어 당황스럽기까지 한 연말연시입니다. 때가 때인지라 시절에 대한 걱정만큼 각종 모임들도 넘쳐납니다. 30여 가구가 사는 작고 조용한 우리 마을도 부녀회 총회하랴, 대동회 하랴 살짝 분주해집니다. 부녀회나 대동회에서 소소한 일들로 가득 찼던 한 해를 정리하며 지출 총결산도 하고 한 해 사업을 갈무리 합니다. 주민숙원사업은 우선순위에 부정이 없었는지, 내년에는 어떤 일을 우선으로 할지 등 주민들의 총의를 모으는 자리지만 역시나 핵심은 마을 주민 대표를 뽑는 임원선거에 있습니다. 다행히 올해는 이장을 뽑는 해는 아니므로 대동회는 좀 싱거울 수도 있다만, 문제는 부녀회 임원선출입니다.

해마다 이맘 때 쯤이면 마을마다 부녀회장 선출로 홍역을 앓다시피 합니다. 부녀회장을 모두가 기피하는 까닭입니다. 작은 마을인지라 웬만한 부녀회원들은 돌아가며 회장직을 다 역임했습니다. 평양감사도 저 하기 싫으면 어쩔 수 없다고 몇몇 회원들은 여러 가지 이유로 회장직을 고사한 이들도 있지만 많은 숫자는 아닙니다. 그런데 이제 할 사람이 없다보니 그런 분들이 원성을 사고 있습니다. 물론 우리 마을만 그런 것은 아닙니다. 이웃 마을에서는 이장 부인이 당연직으로 부녀회장을 맡도록 마을정관을 고쳤다고도 합니다.

사실 회원 수가 적어서 부녀회장을 못 뽑는 것이 아닙니다. 따지고 보면 부녀회장의 지위와 역할의 문제가 더 큰 것이지요. 그 길이 비단길 꽃길이라면 맡은 사람이 맡고 또

맡더라도 자리를 채워 갈 것입니다. 하지만 부녀회장 자리는 정말이지 누구도 알아주지 않는 마을의 뒷일을 알아서 잘 해야 하는 자리입니다. 마을회관 청소관리며 소소한 마을행사의 음식준비와 마무리, 재활용품 분리수거며 헌옷과 농약병 수집까지 그야말로 일로 시작해서 일로 끝나는 자리입니다. 마을일 뿐만 아니라 면행정 행사에도 수시로 참여해야 합니다. 거기에 불참할 때는 하루 일당에 준하는 벌금을 내야하는 내규를 만들어 놓았습니다. 그러고도 칭찬받기보다는 지적받기가 일쑤입니다. 대개 사람들은 고생하는 것을 기피하지는 않습니다. 고생한 만큼의 보람이 있다면야 가시밭길도 헤치며 나아갑니다. 하지만 부녀회장 자리는 고생은 실컷 하고도 아무런 영광이 없으니 누구나 기피하는 자리가 되어버렸고, 피할 수 없다면 어쨌거나 임기는 채우고 보자는 식의 생각을 할 수 밖에 없습니다.

아무리 회원 수가 적다 해도 마을이장은 누가 해도 나섭니다. 떠밀리는 척 하며 자리를 맡으면 면이나 농협 등 기관에서도 이장님! 이장님! 하며 대접을 해주는 것은 물론이요, 각종 의결기구에 대표로 참석하여 소소한 지역행정을 논의하는 주체가 됩니다. 그러니 이장선출을 둘러싼 갈등도 제법 소문거리입니다. 말하자면 여성농민의 지위만큼 부녀회가 대접을 받는 것이겠지요. 물론 마을이장을 남성만 하는 것은 아닙니다. 우리 면 23개 마을이장 중 딱 한 분 여성이 있습니다. 좋은 모범이기는 하지만 아직도 사람들은 그 모범을 따르려 하지는 않습니다.

마을의 부녀회가 농촌 공동체를 유지발전시키는 커다란 역할을 하는 데 세상 어느 누구도 부녀회장의 영광을 사회적으로 되돌려주기 위한 노력을 하지않고 있습니다. 높은 자리분들은 부녀회장 선출 때마다 몸살을 앓는 이 익숙하고도 안타까운 장면을 알고나 있는지 궁금하네요. 당연히 그래왔으므로 앞으로도 영원히 그렇게 할 것이라는 믿음으로 어려운 일이 있으면 부녀회원들, 부녀회장들에게 맡기려 하겠지요. 그런데 말입니다, 다들 싫다네요?

추석맞이 우리 동네 노래자랑

　추석이 바짝 코앞으로 다가왔습니다. 추석이 별 것도 아니면서 또 별 것인 듯합니다. 무슨 일을 하더라도 추석 전에 해치워야 한다거나 추석 뒤에 하면 된다고 설정을 하게 되니 추석이 기준이 되는 셈이지요. 사실 명절 음식을 준비하고 대청소를 하는 등 손님을 치르는 일이나, 그동안 미뤄두던 집안일을 들추는 부담으로 치자면 추석이 없는 것도 괜찮을 성 싶어요. 그렇지만 생활상의 부담을 이유로 이런 것 저런 것 다 뿌리치면 우리 삶이 무엇으로 채워지겠어요? 그러니 다가오는 명절은 그 명절의 의미를 잘 살리는 것이 가장 값진 일이겠지요.

　오래 전부터 명절 때마다 꿈꾸던 일이 하나 있습니다. 아직도 엄두를 못내고 있는 일이지만, 뭐 거창한 것도 아닙니다. 다만 혼자서 할 수 있는 일이 아니라 여럿이 마음을 모아야 하는지라 머릿속으로 구상만 할 따름이지요. 바로 추석맞이 우리 마을 노래자랑입니다. 추석 전날 밤에 각 가정에서 준비한 음식을 조금씩 마을회관으로 가져와 이웃들과 나누며 집집마다 그 집을 대표해서 노래나 장기를 보여주는 것입니다. 아마 1970~1980년대 쯤 마을마다 하던 콩쿨대회라고 보면 될 것 같습니다. 이즈음의 우리 마을은 마을분들이 노령화되고 일에 쫓겨서 이런 일을 추진할 주체도 없거니와 추석에 집에 온 자식들에게 농사일을 의존하느라 즐길 틈이 없습니다. 그렇더라도 추석 전날 밤은 모두가 어우러지는 시간을 꼭 만들고 싶어요. 설날은 추워서 안 되거니와 그믐제를 지내는 마을풍습으로 말미암아 불가능하니까요.

보기에는 멀쩡한 도시의 자식들도 실은 그 삶이 얼마나 팍팍하겠어요? 빠듯한 살림인데 세상은 끝없는 욕망을 부추기고 있으니, 그 대열에 끼어들지 못하면 낙오자 취급하는 인정 없는 돈세상에서 따뜻하게 위로하고 지지해줄 누군가가 필요하지 않겠어요? 고향은 성공한 사람들의 자랑터일뿐만 아니라 실패한 사람들에게도 어린시절의 추억이 새로운 힘을 갖도록 할 수도 있습니다. 다른 말은 하지 말고 인생이 다 그런 것 아니겠냐며 고생한다는 한 마디도 위로가 될 것입니다. 일이 바빠 부모님 일만 돕다가 바쁘게 도시로 가지 않도록, 바쁜 와중에 어찌 살고 있는지 이야기를 나눌 따뜻한 자리를 만들었으면 좋겠어요.

하지만 음식 나누기며 청소를 여성들에게만 맡기지는 마세요. 같이 즐겨야지요. 일머리 좋고 손이 빠른 남녀노소가 힘을 보태서 같이 준비하고 같이 즐겨요. 각자 집에서 고추 몇 근, 참깨 몇 되, 햅쌀 한 말을 부상으로 내놓아도 좋겠어요. 동네에서 연세가 제일 많은 남녀 어른분들을 심사위원으로 모시면 좋겠어요. 엠프 대여비는 출향민 중에서 넉넉한 살림을 가진 분들께 후원을 받으면 좋겠지요. 마을에서는 참가한 모든 분들께 마을의 의미가 담긴 작은 상품을 준비해야겠지요. 아직은 그 정도의 일은 꾸밀 수 있을 법합니다.

마을마다 귀신이 나온다는 모퉁이가 있어 지금도 그 곁을 지날라치면 조금 겁이 나는 그 긴장감은 어디에서도 가질 수 없는 값진 추억입니다. 여유가 있는 집에서나 키우던 단감나무 아래서 침만 삼키던 일이며, 연정을 품은 처녀총각들의 가슴 설레인 사연을 담고 있는 고향마을이 쇠락해가는 모습이 서글프지 않도록 말입니다. 고향 마을이 살아야 농촌이 살고 우리 사회가 건강해질 것입니다. 농촌 없는 도시가 어찌 존재할 수 있겠습니까? 그러니 아직도 농촌마을을 지키고 있는 분들의 소중함도 느끼고, 또 도시에서 이름값 하고 사느라 만만치않은 자식들에게도 위로가 되는 시간을 가졌으면 하는 바람, 상상에 머물고 말까요?

봄날의 정치적인 상념

많은 듯해도 쓰고자 하면 쓸 것이 없는 것이 돈하고 시간이랍니다. 사람들은 어찌 이리도 맞는 말을 잘도 만들어낼까요. 시인이 따로 없습니다. 시간이 빨리도 흘러서 어느새 파릇파릇 풀들이 돋아나니 농민들 마음은 더없이 바빠집니다. 농민들의 시간은 본디 빠르게 흐르지만 올해는 지방선거가 있는 해이니 당사자는 물론 주변 사람들도 덩달아 분주해지겠지요. 심심한 동네에 방송 차량이 요란하게 후보를 알릴라치면 시끄럽다 하면서도, 막상 선거가 끝나고 세상이 조용해지면 적막감마저 드는 것이 차라리 선거 차량이라도 돌아다니면 좋겠다고들 합니다. 사람 구경이 쉽지 않으니까요.

4년마다 돌아오는 선거인지라 당사자가 아닌 담에야 유권자의 입장에서는 그것이 그것인 양 매번 똑같아 보입니다. 앞에서는 서민의, 농민의, 지역의 정치를 하겠다고 하면서도 돌아서면 달라지는 것 없는 일상이 반복되고, 거기에다 부정 비리가 연루된 사건이라도 터지면 다 똑같다는 생각이 더 깊어집니다. 현장의 정치불신이 얼마나 높은지 정치 얘기라면 손사래를 치는 일이 허다하지요. 그럼에도 불구하고 정치는 우리의 일상과 밀접하다 보니 욕을 하면서도 넌지시 정치권의 흐름을 넘겨다보는 것도 또 우리들입니다.

대통령 선거와 국회의원 선거도 그렇겠지만 지방선거는 그와는 또 다른 재미가 있습니다. 후보의 면면도 나와 크게 다르지 않은 사람이요, 공약도 나의 일상과 조금은 관련성이 있는 것이다 보니 자연히 관심이 높습니다. 그런 만큼 지방선거를 잘 활용하는 것도 지역발전에 상당히 도움이 될 법합니다. 4년 전 지방선거에서 농업이슈로 부상했던 것이 기초농산물 국가 수매 또는 최저 생산비 보장이었지요. 나름 신선하고 의미 있었지만 역시나 이는 지방예산으로 해결할 수 있는 영역만은 아니기에 지금도 제대로 시행되는 지역은 흔치 않습니다.

이번 지방선거에서 농업이슈로 부각 되는 것 중의 하나가 민관 농정 협의체 구성입니다. 10년 전부터 제기되는 것이 '농업회의소'라는 이름으로 몇몇 지역에서 시범사업으로 실행되다가 최근 지자체별로 확산일로에 있습니다. 의미가 있는 일이지요. 중앙정부 농업정책의 근본적인 변화와 맞물려 지역의 농업시스템도 바뀌어야한다는 것이 일선의 생각입니다. 행정의 입맛에 맞는 대상에게만 보조금이 집중되고 또 그들은 정부의 농정에 깔맞춤 하고 있으니 정권이 바뀌고 강산이 바뀌어도 농정은 하나도 바뀌지 않으니 말입니다.

보조금에 길이 들여진 농업으로는 농업의 자생력이나 지속가능성을 보장할 수 없지요. 물론 새로 만들어질 농정협의체도 기존의 그 밥 그 나물의 인적구성으로는 변화를 기대하기 어려울 수도 있습니다. 그러니 농정협의체의 이름이 무엇이더라도, 두 눈 부릅뜨고 지역의 농정 조정자로, 지역의 농정주체로 농민이 나서야겠지요.

거기에 번듯하게 여성농민도 함께 하면 조금은 달라지는 내일이 있지 않겠습니까? 지금 이대로의 농업으로는 아무리 생각해도 걱정이 앞서니 지방선거를 지렛대로 삼아야겠지요. 산수유꽃 매화꽃잎이 흩날리고 벚꽃 눈망울이 팝콘처럼 터질 때 지역의 농업도 꽃망울을 터뜨릴 날들을 기대해봅니다.

축제와 나그네

이 바쁜 가을날, 일하느라 눈코 뜰 새 없는 틈에도 세상 사람들은 또 어찌 알고 또 각종 놀이를 잘도 만들어 놨습니다. 바야흐로 축제의 계절입니다. 봄축제가 주로 꽃잔치라고 한다면 가을은 역시 열매의 잔치, 결실의 잔치가 주를 이룹니다. 그러니 봄보다 훨씬 풍성한 지역축제들이 많습니다. 때마침 마을 인근에서도 맥주축제가 있습니다. 맥주의 나라 독일에서 하는 축제를 본따서 남해의 독일마을에서도 축제를 하는 것입니다. 나 같은 맥주 좋아하는 사람들이 절친한 벗들을 초청해서 시원한 맥주 한 잔 마시며 세상을 들었다 놨다 하노라면 더없이 재미있을 것을, 안타깝게도 일 년 중에서 가장 바쁜 농사철인지라 엄두를 못 내고 쿵쾅거리는 음악소리에 마음만 출렁입니다. 가을축제를 즐기는 것도 역시나 농민들에게는 그림의 떡입니다. 왜 하필 일하기 좋은 철에는 놀기도 좋을까요? 궁시렁 궁시렁….

그 와중에도 축제에 꼭 참석하는 이들이 있으니 누굴까요? 농촌에 사는 한가한 양민, 한량님들? 아니올시다. 농사일에서 손을 뗀 호호 할머니 할아버지? 아니올시다. 가을일에는 남녀노소가 따로 없습니다. 그럼 누구? 바로 부녀회원들입니다. 이름도 좀 웃기지요? 부녀회의 회원이라니, 농촌의 여성들은 부녀로 불리어 왔습니다. 부인과 여자라는 말이지요. 교사도 여교사가 있고 검사도 여검사가 있는데(물론 이런 분류도 맞지 않는 분류이지요. 남성교사나 남성검사는 없고 교사나 검사라는 낱말 그 자체가 남성을 대표하니 이거야말로 남녀 문제의 본질을 제대로 볼 수 있습니다) 이 시시껄렁한 직업적 이름조차 갖지 못한 이들이 바로 여성농민인 셈입니다. 농촌에 사는 부녀들 중 농사일을 하지 않고 사는 이가 어디 있습니까? 농사일의 절반 이상을 담당하고 있는 만큼 그 역할에 맞는 이름을 제대로 불러주면 좋으련만 안타깝게도 아직도 제대로 불려지지 못 하고 있습니다. 그래서 흔히 여성농민들끼리는 스스로 무급종사자라고 합니다. 엄연히 근로하는 일꾼임에도 법적, 제도적, 정책적, 경제적 보장이 없이 그냥 그 자리에서 묵묵히 일하는 존재라고 하는 것이지요. 농산물 가격책정은 물론이고 확장해서 보면 보험적용, 교통사고 등의 보상에서 직업적 차별을 받고 있습니다.

가정 내에서도 그럴진대 사회에서는 별다른 대접을 받겠습니까? 똑같습니다. 그 바쁜 봄가을 농사철에 축제나 지역행사가 있으면 여지없이 호출됩니다. 먹거리 있는 곳에 사람이 모이는 법이니 당연히 음식이 필요한 잔치에 부녀회원을 동원하는 것이지요. 안 간다 하면 되지 않냐, 바빠서 못 간다 하면 되지 않냐. 그러게요, 그럴 수 있으면 더없이 좋으련만 안타깝게도 갑니다. 얼마나 그 책임을 완벽하게 소화하는지, 행사에 불참하게 되면 농사꾼 하루 일당에 버금가는 벌금을 매기는 자체의 규약도 있습니다. 이것이 가능한 것은 그야말로 맡은 바 소임을 다 하는 여성들의 성정이 있기 때문입니다. 어떠한 조건에서도 주어진 일을 해내는 똑순이 여성들이 주위에 얼마나 많습니까? 우리네 어머니들이, 할머니들이 그렇게 살아왔듯 오늘을 사는 여성농민들도 지역에서 그렇게 역할 하는 것입니다.

지역의 크고 많은 축제나 행사가 그 자체로 보람이고 자발성에 기초한 모두의 축제라면 좋겠습니다. 거기에 무엇이라도 손을 보태고 싶어 음식을 준비하는 사람, 행사 진행을 돕는 사람, 안내를 하는 사람으로, 이도저도 아니라면 그냥 구경만 하는 참여자라도 모두가 보람차고 즐기고 나누는 지역의 축제이면 더없이 좋겠지요. 가정 내에서 여성농민들의 노동을 사랑이라는 이름으로 포장하여 당연히 여기듯 지역사회에서도 여성농민의 노동을 당연히 여기는 분위기는 이제 그만 막을 내려야할텐데, 어째야 할까요? 축제의 중요한 부분을 담당하는데도 행사의 중요한 결정 참여에는 쏙 빠지고 뼈 빠지게 일만 하게 되는, 여성농민은 축제의 나그네.

밥차를 요구합니다

'맞춤'이란 말은 의상실이나 양복점에서 자주 보던 말입니다. 그러던 것이 요즘에는 복지라는 말에도 제법 많이 붙습니다. 좋은 건강, 윤택한 환경과 안락한 생활을 위한 조건을, 대상의 조건과 처지에 따라 맞춘다는 뜻이겠지요. 맞춤형 복지라는 이름으로 각자의 요구를 모아본다면 필시 사람 숫자만큼 가지 수가 많을 것입니다. 각자가 바라는 복지에 대한 바람이 다 다를 테니까요.

나에게 맞춤형 복지로 무엇을 바라느냐고 물어 온다면 잠시의 망설임 없이 '밥차'라고 하겠습니다. 밥차라고 하면 연예인들이 밤샘 촬영장에서 기술진들에게 한 턱 쏘는 근사한 밥차를 생각하기 쉽지요. 물론 이벤트로 그런 자리도 좋지만 일상 생활에서의 밥차도 그만큼 값지겠습니다.

아직까지 한여름은 무더워서 일하기가 쉽지 않습니다. 해서 아침저녁으로 한낮의 햇살을 피해 고추를 따거나 가을농사 준비를 하려 하니 분주하기 짝이 없습니다. 게다가 요즘같은 늦여름은 가뭄과 장마로 밥상을 차릴 마땅한 푸성귀도 많지 않습니다. 그런데도 때마다 끼니를 준비하려니 막막할 때가 많습니다. 인간이 안먹고 살 수는 없는지, 먹으려 사는가 아니면 살려고 먹는가! 라면서 도랑물보다 얕은 생각을 해보는 것도 딱 이럴 때입니다. 계절이 바뀔 때쯤이면 묵은 계절에 먹던 대부분의 음식들도 좀 지겹습니다. 그러니 가족들의 입맛도 바닥이요, 식재료도 동이 나고, 농사일은 겹겹의 부담을 줄 때 혜성처럼 밥차가 나타나면 좋겠습니다. 이장님이 마을방송으로 밥차가 왔다고, 국이랑 찬을 가져가라고 한다면 얼마나 행복하겠습니까? "오늘 낮에는 미역국과

장어국, 이렇게 두 가지가 있습니다. 밑반찬은 어묵조림과 미역줄기 볶음, 콩나물무침 이렇게 세 가지가 준비되어 있다고 합니다. 각자 입맛에 맞는 음식을 주문하면 되겠습니다. 이상입니다." 근사하지요?

농번기 마을공동 급식사업이 농촌 지역 복지사업으로 각광을 받고 있습니다. 우리 마을도 그 사업을 해보는 것이 어떻겠냐고 토론을 한 적 있는데 결론은 하지 말자입니다. 여러 이유가 있지만 가장 큰 이유는 식사를 준비할 담당자가 없음입니다. 좀 젊은 사람들은 농사일이 많고, 연배가 있는 분들은 마을분들의 까다로운 요구를 맞추기가 쉽지 않음을 알기 때문입니다. 얼마의 돈으로 이전까지의 관계를 깨고 싶지 않은 것이 마을공동체 구성원들의 바람이겠지요. 싱겁네, 짜네라고 한두 마디 덧붙이는 말들이 얼마나 상처가 되는지 알기 때문입니다. 공동의 급식을 관장하는 사람과 먹는 사람은 공적인 관계임에도 사적 관계의 말들이 오가게 되니 그 상처를 피하고자 책임자를 꺼리는 것입니다. 마을 공동급식을 계속해서 진행하는 경우, 한 사람이 계속해서 맡아 하는 경우가 흔치 않은 이유가 바로 이런 것이겠지요.

우리 마을처럼 작은 동네는 이런 까닭이지만 큰 동네들은 또 다른 이유도 많습니다. 마을 단위의 농사는 옛말이고 집에서 좀 떨어진 농장에서 일하는 사람들은 늘어나고 있습니다. 농장의 규모가 훨씬 늘어난 까닭입니다. 면과 면을 뛰어넘는 농사를 짓는 사람들이 많기때문에 마을 단위의 급식보다 들녘 별 급식을 주장합니다. 한 끼의 밥을 먹으려고 멀리 있는 집으로 가지 않아서 생기는 문제인 셈입니다.

그러니, 읍내의 유휴인력이 참여해서 '맞춤형 밥차'를 운영이 해보는 것이 어떻겠냐는 생각을 해봅니다. 들녘이나 마을회관으로 다니면서 밥과 행복을 배달하는 밥차, 근사하지 않나요? 맞춤형 복지시대에 사람들의 요구, 더 정확히는 때 마다 끼니를 준비하는 여성들에게 안성맞춤 복지사업으로 말입니다.

여성농민,
농협한테 할 말 많다 전해라~

지난 해 3월 당선된 지역농협 조합장이 쓰러져 누운 지 반년이 넘게 흘렀습니다. 안타까운 일이지요. 다섯 표 차로 어렵게 재선되었는데, 당선의 영광을 뒤로하고 의식도 없이 자리를 보전하고 있으니 가족들은 물론이고 주변 분들의 걱정이 이만저만 아닙니다. 어서 빨리 툭툭 털고 일어나시라고 빌고 있습니다.

사실 농민들은 농협에 대해서 할 말이 참 많습니다. 애증의 감정이라고나 할까요? 농협자본금이 뻔히 농민들의 출자금이라는 것은 누구나 아는 사실인데, 농민들의 살림살이와 달리 농협건물만은 삐까뻔쩍 근사해지고 농협 직원들의 품격은 더없이 높아지고 있으니 울화통이 터지는 것이지요. 농산물값이 폭락해도 농협은 수수료나 챙기고 있는 꼴이니 농민들의 분노가 농정당국이 아니라 농협으로 향하게 됩니다. 그 불신이 얼마나 크던지 농협이 출혈을 감당하며 좋은 일을 벌여도 믿으려 하지 않습니다. 또 다른 꿍꿍이가 있을 것이라며 농협의 변화는 불가능하다고들 합니다. 미우나 고우나 농협이 제대로 일하는 게 중요하지 않냐고 말을 던지면 철모르는 소리 말라며 말을 잘라 버립니다.

그 와중에 소리 소문도 없이 농협 중앙회장이 바뀌었다지요? 사람들의 표현대로라면 농민들의 대통령이라는데 후보가 누구인지, 농협을 어쩌겠다는 것인지 아무 것도 모른 채 그들만의 잔치가 되어버린 것입니다. 암요, 세상이 많이 바뀌어서 민주주의가 어쩌고 하더라도 농협중앙회 운영에서만큼은 아직도 구시대에 머물러 있는 것이 틀림없습니다. 그렇지 않고서야 현장에서 이렇게나 깜깜할 수가 있겠습니까?

특히 여성농민들에게 농협은 주거래 은행이나 농약방에 다름 아닙니다. 입출금 일을 보거나 공과금 납부할 때, 또는 농자재 사러 갈 때나 농협에 들리는 정도입니다. 여성농민은 조합원이 아닌 경우가 태반이고 조합원이라 하더라도 조합운영에 대해 밝은 눈을 가지고 참여하기는 좀 쉬운 일이 아닙니다. 누군가 그랬다지요? 영국의 위대한 작가 세익스피어의 누이가 동생만큼 재능을 갖고 태어났더라도 국 끓이고 바느질에 집안 청소 하느라고 동생처럼 세계적인 작가가 되기는 어려웠을 것이라고. 여성농민들이 농사에 있어서 최고의 실력가이면서도 농협운영에 있어서 배제되는 것이 딱 그것이란 말씀이지요.

이는 농협운영을 개별 농민이 아닌 농가 중심으로 하기 때문입니다. 농가 중심의 운영이다 보니 가구를 대표하는 남성의 참여가 당연시되니까요. 설령 남편의 부재로 여성조합원을 승계하더라도 젊어서 농협운영에 한 번도 참여해 본 경험이 없는 여성조합원이 새삼스레 농협의 주체가 되는 것도 쉽지 않습니다. 사정이 이러하니 조합원 자격의 문을 열어놓아도 높은 평균출자가 쉽지도 않고, 또 출자를 해서 조합원이 되었더라도 농협에서 여성농민을 농업의 가장 중요한 주춧돌로, 동반자로 생각하지 않는 한 맹탕입니다. 선진 농업국에서는 농업정책의 대상으로 가구가 아닌 농민 개인으로 방향을 옮기고 있다고 하지요? 농민 개개인의 영농의지가 한 나라의 농업생산에 이바지하는 것이 매우 중요하다는 것을 알고 있기 때문일 것입니다. 주 생산자를 배제한 채 농협을 운영하는 허술함은 농정 자체의 허술함을 입증하는 것입니다. 농민대통령 후보 중에 여성농민 한 명 없고, 새로이 선출될 지역농협조합장에 거론되는 이 또한 그렇다는 것, 여성조합원의 비율에 따른 여성임원 선출이 농협법에 정해져 있으나 실행에 옮기지 않더라도 실적에 반영하지 않는 것, 농협조합원 역량강화에 여성농민을 위한 고민이 기본적으로 없는 것, 여성농민을 농가주부 모임에 엮어 봉사활동과 취미활동에만 지원하는 것으로는 농협발전의 전망이 어둡디 어둡습니다.

농촌 고3 엄마는 새가슴

　며칠 전이 대입수능 100일 전이라고 주위의 고3 수험생이 있는 부모들도 덩달아 긴장을 하는 모습을 보았습니다. 고3 수험생 부모라 해도 농촌 지역은 수능 당일의 시험 성적으로 대학을 가는 정시지원보다 다양한 방법의 수시전형 진학이 월등히 많아서 도시지역과는 긴장 시기가 조금 다릅니다. 학교별 진학지도도 수시전형에 맞추어 지금쯤은 한창 지원학과 선정과 자기소개서 쓰기를 하는 것이 중심입니다.

　당연히 아이들의 꿈과 적성, 무엇보다 자신의 실력에 맞춰 전공학과와 지원 대학을 고르겠지만 농민 학부모의 입장에서는 학비는 물론이거니와 유학비용 걱정이 제일 우선입니다. 대도시는 물론 지방 중소도시들도 웬만하면 지방대학 한둘을 끼고 있으니 최후의 보루는 있는 셈입니다. 하지만 농촌 지역에는 변변한 대학 하나 없으니 십중팔구 타지로 유학을 가야 하는 이중의 부담이 있습니다. 게다가 금리가 낮다 보니 대부분 집을 가진 사람들이 상대적으로 고가의 월세를 선호하는 탓에 방세 부담이 이만저만이 아닙니다.

　성장기에 지방 소도시에서 살았으니 변변찮은 살림과 실력에도 어렵지 않게 대학을 다닐 수 있었던 나의 경험과 달리 이곳 섬마을에서는 대학생 한 명 키워내기가 여간 힘겨운 게 아니었다고 지금도 어른들이 혀를 끌끌 차십니다. 오빠가 대학 다닌다고 집안 형편상 대학을 포기하고 일찌감치 생활전선으로 뛰어든 여동생의 이야기가 바로 시댁의 이야기이기도 합니다.

그때도 그랬는데 경제가 훨씬 발전했음에도 도농의 소득 격차가 훨씬 벌어져 도시의 60% 수준인 오늘날에도 문제는 계속되고 있습니다. 이때쯤 되면 농촌에서도 비교적 손쉽게 일자리를 구할 수 있는 여성농민들이 식당이나 읍 단위 마트 매대 점원 등으로 이른바 '투잡'을 뛰러 나갑니다. 고정적으로 나가는 교육비용이 훌쩍 늘어나는 통에 다른 대책을 세우지 않고서는 배겨날 수가 없기 때문입니다.

수능 100여 일 앞두고 대학 선택의 1순위가 당연히 아이들의 꿈과 적성이어야 함에도 현실은 부모의 뒷받침 능력에서부터 출발하는 것이니 그 부모된 입장이 이래저래 복잡하기 짝이 없습니다. 이러니 개천에서 용 난다는 얘기는 처음부터 없었던 말인지도 모르겠습니다.

지금쯤 대학을 진학하고자 하는 아이들이 아직 아기였을 때, 어린이집이 없어서 하우스 안에서 대야에 앉혀놓고 일했다는 얘기, 밤산에 천막천을 펼쳐 기어다니는 애들을 내려놓고 밤을 따는데 애들 울음소리가 들려 가보니 온몸이 밤송이에 찔려서 그 길로 애를 들쳐 업고 병원에 들렸다가 삼겹살을 구워먹으며 눈물을 흘렸다는 얘기도 있습니다. 그렇게 큰 아이들이 대학에 들어가려는데 또 돈 걱정을 하고 있으니 참 애가 탈 일이지요.

하긴, 농촌에서 유학시키는 걱정을 하는 것도 이제는 우리 세대가 마지막일 것입니다. 나보다 밑 세대들 중에 농사짓는 친구가 진짜 한두 명에 불과하니까요. 이것이 현실입니다.

농민수당이라면서요?

　전남지역에서 농도라는 별칭이 아깝지않게 선진농업정책을 추진하고 있습니다. 이름하여 농민수당입니다. 해남군에서 2019년부터 농가마다 월 5만원씩 지역상품권을 지급하는 형태로 추진한다 하니 오매불망 농민들이 소원하던 일인 바, 더없이 반갑고 또 반갑습니다. 농업이 가지고 있는 공공성과 공익성을 사회적 합의를 통해 소득보전의 형태로 지원하는 것이니 이는 인구소멸론으로 불안하기 그지없는 지역사회에 한 줄기 빛과 같은 희망입니다. 비록 지자체 차원의 지원이라 실질적인 소득보전 수준에 못 미치지만, 이러한 과정이 국가적 차원의 지원이 가능하도록 하는 계기가 된다면 더없이 좋은 일이지요. 단 한 가지의 의미를 추가한다면 말입니다.

　농민수당은 기본취지가 농사를 짓는 사람들 모두에게 인간다운 삶을 보장하고자 하는 일종의 기본적 권리에 해당하는 것입니다. 따라서 이를 농가 단위에 기초해서 지급하는 것은 근본 성격에도 맞지 않는 해괴한 방식의 지급형태입니다. 전체 비용을 줄이는 것에서는 유의미할지 모르나 성평등의 시대적 흐름과 전체 농민들의 권리보장 측면에서는 매우 후퇴한 정책 방향임에 틀림이 없습니다. 그동안의 농업정책이 여성농민을 얼마나 그림자 취급을 해 왔는지 알기나 할까요? 농업노동의 절반 이상을 담당하는데도 협동조합 참여나 교육 참여, 신용접근이나 농기계 사용 등에서 여성농민은 심각하게 소외돼 왔습니다. 숫제 정책대상에서 빠져있다고 해도 과언이 아닙니다. 해서 그동안 끊임없이 여성농민을 농업노동 주체로 인정해 줄 것을 요구해왔습니다. '여성농업인 육성법'이나 '여성농업인 육성지원조례' 등이 여성농민들의 강력한 요구로 제정되었던 것이 그 한 예입니다. 그런데 정작 가장 실질적인 농민의 권리인 농민수당에서 가장 심각한 문제를 보여주고 있으니 어찌 당황스럽지 않겠습니까?

또 개인에게 지급되어야 할 농민수당을 농가당 지급할 경우 후계농민을 양성하는데도 어려움이 따릅니다. 청년 농민이 부모님의 농업을 이어받으려 농사짓는데도 농가당 수당 지급이 될 경우, 청년 농민은 지급대상에서 제외되기 때문입니다. 농민 개별에게 초점을 맞추지 않는 지금의 농정은 청년 후계농민들에게 농협 조합원 가입에도 그 많은 평균출자의 부담을 지우고, 한 작목으로 두 사람의 농가 경영체가 등록될 수도 없습니다. 이 모두가 관행의 방식대로 농가 중심 정책 때문에 오는 문제입니다. 그러니 청년 농민들이 농촌으로 돌아오겠습니까?

아직 한두 개 정도의 지자체에서 보인 문제이니 전체의 문제로 확대해석 할 필요는 없다고도 하겠지만 생각보다 간단하지 않을 수도 있습니다. 시작이 이렇게 되면 그 손쉬운 모델을 따르기 십상입니다. 이는 너무도 오래된 관행인지라 무엇이 문제인지조차 모르고 있다는 것이 가장 우려스러운 상황이지요. 농민단체에서조차도 적은 예산에 농가 단위의 지원이라도 감사히 여겨야 할 판이라며 지금의 판을 깨지 않기 위해 감수하고자 하는 것이 확인되고 있습니다.

농민 모두에게 수당을 지급하는 것은 농민을 변별하기가 어려워 행정력이 너무 많이 든다고 어려움을 말하기도 합니다. 그 또한 핑계에 불과하다는 것이, 여성농민 바우처 카드를 만드는데 여성농민 인증이 어려워서 못 한다고 하는 지역을 한 곳도 본 적이 없습니다. 여성농민 바우처 카드 지급대상자를 선정하는 일은 쉽고 농민수당 지급대상자를 선정하는 것은 어마어마하게 어려운 일일까요? 첫 단추를 바로 끼워야 하겠지요. 까딱 잘못하면 우리의 소원, 여성농민 권리 인정이 물거품으로 될 수도 있으니까요.

'몸뻬바지'도 유행이 있는데
'평등명절'은 유행도 없나?

추석이 코앞입니다. 나락 수확과 동시에 마늘과 시금치 등 월동작물을 심어야 하니 추석명절은 말이 명절이지 명절답지 못 한지가 한참은 되었습니다. 추석에는 극장에서 명절 특수를 노린 가족 영화 한 편 정도는 봐 줘야 되는데 말입니다. 아니 되레 집안 구석구석 청소며 차례 음식 장만, 밑반찬 준비 등 신경 쓸 것이 여간 많은 것이 아닙니다.

사실 농민들에게 추석의 의미는 충분히 있습니다. 농사가 잘 되고 못 되는 것은 사람의 노력만으로 되는 것이 아니라 날씨 등 자연조건이 받쳐주어야 하니까요. 그러니 믿거나 말거나 천지 사물을 관장하는 천지신명 또는 조상님께 햇곡식으로 감사드리는 자세야말로 자연과 공존의 의미로 낮춤의 자세가 되는 셈입니다. 잘 자란 벼는 물론이고 호박 한 덩이와 참깨 한 바가지도 자연과의 공존 때문이라는 것을 농사를 짓다 보면 자연히 알게 됩니다. 하지만 시대가 달라져서 여러 산업에 종사하는 사람들이 자신의 삶에 맞춰 살다 보니 햇곡식으로 조상님께 감사하는 추석 명절의 의미는 한참은 퇴색하거나 변하고 있는 것이 사실인 듯합니다.

어찌됐거나 퇴색되기는 했어도 추석 명절이면 흩어진 가족들이 모여 조상님의 은덕을 기리는 전통이 아직은 살아 있으니 그 의미를 되새기며 명절을 맞습니다. 문제는 그 좋은 전통의 미덕을 살리는 일에 여성들의 헌신이 너무도 절대적이라는 것입니다. 특히 농촌의 여성들에게 더한 어려움으로 다가옵니다. 명절이 오기 전부터 말끔한 이부자리 장만이며 집안 구석구석을 청소하고, 가뜩이나 조리과정이 복잡한 한식을 종류별로 굽고 튀기고 무치고 찌는 제례음식은 기본이요, 명절 당일에는 집안 식구에 먼 친척까지 시도 때도 없이 접대를 해야 하니 명절의 좋은 의미는 온데간데 없어지고 오롯이 부담만 떠안게 됩니다. 그러니 많은 여성들이 명절증후군이라 하여 명절이 다가오기 전부터 예기불안 또는 스트레스로 두통이나 복통 등 신경증 증상을 앓게 되는 것입니다.

　이런 스트레스를 겪는 것이 개별 여성의 문제가 아니라 우리사회 전체 여성들의 문제라며 몇 년 전부터 '평등명절'이 전파되기 시작했습니다. 제수음식 장만에도 남성들이 동참하고 손님접대도 같이 준비하는 문화가 널리 전파되고 있습니다. 아예 한 번은 친정에서 명절을 쇠고 한 번은 시댁에서 쉰다는 집들도 있습니다. 그런가 하면 호텔에서 약식으로 명절제를 지내고 추석연휴는 아예 여행을 즐긴다는 집들도 있습니다. 그런데 우리 농촌에서는 아직도 먼 나라 이야기인 듯합니다. 평등명절은 언감생심 꿈도 못 꿀 일인 셈이지요. 세상에나, 일할 때 대충 입는 할머니들의 '몸뻬바지'도 유행이 있어서 무늬나 바지통, 옷감이 시대를 달리하는데 이 평등명절은 농촌에는 방탄벽이 쳐 있는지 접근을 못 하고 있습니다. 평소에는 가사분담도 잘 하던 도시의 남성들도 시골집에만 오면 어른들 눈치를 보며 '예전 그대로' 합니다. 어머니께서 남자가 부엌에 들어서는 것 싫어하신다느니, 제수음식은 볶음밥과 다르다는 둥 여전히 여성들에게 부담을 안깁니다.

　어머니들이 궂은일을 마다않고 헌신적으로 명절을 맞이하는 것은 절대로 좋아서가 아닙니다. 어머니들도 몸과 마음이 편한 것을 좋아하십니다. 하지만 너무도 오랫동안 헌신하는 것이 몸에 배어서 불편함을 감당하는 것입니다. 좋은 의미의 명절이 누군가의 일방적 헌신으로 괴롭지 않도록 모두가 같이 참여하고 즐기며 나누는 명절이 되었으면 좋겠습니다. 큰아들은 전 굽고 작은아들은 설거지 하는 평등명절은 앞집 옆집의 흉이 아니라 자랑일지니 꽃무늬 '몸뻬바지'처럼 널리 유행되면 좋겠습니다.

농번기에는 공동급식으로 가즈아!

늘 바쁘게 살지만, 지금과 같은 농번기가 아닐 때는 그나마 한가한 편이었다고 감히 말하고 싶습니다. 오죽하면 여우가 애를 업어 가도 모르고, 얼마나 동동거렸으면 누운 송장도 돕고 싶고, 생명 없는 부지깽이도 나서고 싶어 했겠습니까? 오뉴월 하루 볕살의 가치가 얼마나 귀한 것인지를 제대로 아는 사람이 진정한 농사꾼이겠지요. 그 볕을 놓칠 새라 온종일 동동거리며 이 밭에서 저 논으로 신출귀몰하게 움직입니다. 참말이지 이럴 때는 어디선가 우렁각시가 나타나서 집안일이라도 도와줬으면 하는 간절한 바람이 생겨납니다.

한두 달 전인가, 뜬금없이 남편더러 일주일에 이틀 정도는 직접 밥을 했으면 좋겠다는 제안을 했습니다. 그동안 끊임없이 가사노동 분담의 원칙을 힘주어 말해왔으니, 있을 수 있는 일이라고 여기는 듯 별다른 부정 없이 담담하게 받아들이는 모양이었습니다. 그럼에도 쉽사리 답변을 아니 하더니 한 며칠 지나서야 일요일 하루만 식사를 담당하면 안 되겠냐고 답을 해왔습니다. 속으로 너무 좋았으나 표를 너무 많이 내면 속보이니까 담담한 척하며, 아쉬운 대로 그렇게라도 가사노동에 참여하면 좋겠다고, 외식도 좋고 라면도 좋다며 일요일만큼은 식사를 준비하는 부담에서 벗어나게 되어서 기분이 좋다고만 후하게 인심을 쓰는 척 말했습니다.

사실 식사준비가 별것 아닌 듯해도 이것이 예사로 힘든 게 아닙니다. 시장도 없는 산골에서 텃밭과 냉장고에 의지해 때마다 다른 식단을 준비해야 되고, 철에 맞춰야 하며,

가족들의 영양은 기본이고 그렇더라도 집안 형편까지 고려하여 식사를 준비해야 합니다. 실제 밥을 하는 시간은 매끼에 한 시간 정도면 족하지만 준비하는 과정까지 포함하면 퍽이나 길고 복잡합니다. 그러니 매일매일 반복되는 이 일이 즐겁지만은 않은 것이지요. 즐겁기는커녕 몸과 마음이 무거울 때는 태산 같은 부담으로 다가와 화가 나기도 합니다.

그러니 농사일처럼 가사일을 나누자고 했던 것입니다. 첫 일요일은 남편이 시장도 보고 나름 정성스럽게 준비를 하더니 정작 그다음부터는 나도 잊어먹고 본인도 잊어버려 내가 준비한 점심을 먹고 나서 기억이 난다거나 아예 통째로 잊어버릴 때가 종종 있어서 정말로 외식이나 라면으로 때울 때가 허다했습니다. 그조차도 지금처럼 바쁜 농번기에는 비효율적이기도 합니다. 물장화 신고 논일하다가 시간 맞춰 밥하려 들어서는 모양이 좀 우습기도 하고 짠하기도 하여, '내가 할께'라는 말이 튀어나오려는데 꾹 참고 버팁니다. 이렇게라도 않으면 그 부담을 알 리가 만무할 것이고 바뀔 것이 없으니까요.

사실 이것은 집안에서 남편과의 분담으로 해결할 문제는 아니지요. 사회적으로 함께 풀 문제입니다. 직장인들이 초 바쁜 시간에 여직원이 점심밥을 준비하는 일은 없으니까요. 일의 중요도나 성과 측면에서 사 먹는 것이 차라리 나은 것이지요. 그러니 농번기만큼은 공동급식으로 하는 것이 농민들에게 참으로 절박합니다. 수박을 수정하고, 딸기 순을 치고, 고추를 따는 여성농민들의 노동도 전문영역입니다. 여검사, 여교사에 버금가는 일이지요. 해서 일부지역에서 진행되고 있는 공동급식처럼 식재료비와 싼 인건비를 지원하면서 마을에서 알아서 하라고 하는 것은 너무 소극적입니다. 그래서는 지속해 내기가 어렵습니다. 농번기는 누구나 바쁘고 무엇보다 동네 사람들의 비위를 맞추기가 힘들어서 마을 사람 중 누군가가 계속해서 담당하려 하지 않습니다. 그러니 밥차를 이용해서라도 마을마다 공급하면 어떨까요? 이것이야말로 일자리 창출인 셈입니다. 농번기 공동급식을 전향적으로 고민해봤으면 좋겠습니다.

누구를 위한 농업인의 날?

　해마다 11월 11일을 즈음하여 각 지자체별로 농업인의 날 기념식을 합니다. 행사내용은 크게 다르지 않습니다. 우수농산물을 전시하고 선진적(기준은 다르지만) 농민들을 시상하며 농업발전에 기여해 온 농민들에게 감사하다고 말합니다. 더불어 이 어려운 경제 상황에 농민들이 더욱 증진해 달라고 부탁하며 준비한 음식을 나누는 자리를 갖습니다. 암요, 이런 행사를 잘 기획해서 이 어려운 농업환경에서도 농업을 지켜가는 농민들을 위로하고 또 농업의 발전 방향을 함께 나누는 일은 참 중요한 일이지요. 다만 농업정책과 같은 박자가 되어야 하는데 엇박자가 난다는 것이 문제지요. 농업예산을 계속 줄여나간다거나 농산물가격 폭락에 대한 대책은 미비하기 짝이 없는데도 형식적으로만 위로의 말을 하려고 드니 그야말로 행사에 불과한 것이고, 그래서 농민들은 위로받기는커녕 가슴에 더 큰 구멍이 뚫린 채로 행사장을 빠져나옵니다.

　어제오늘의 일이 아니다 보니 농민들도 의례적으로 그래왔던 것처럼 별다른 기대 없이 밥 한 끼 먹고 오는 자리라 여기고 행사에 참여합니다. 문제는 여기에 있습니다. 집에서도 그렇듯이 밥을 먹으려면 준비하는 과정이 필요하고 상차림에도 손이 필요합니다. 여러 사람이 밥을 한꺼번에 먹을라치면 더 많은 손이 필요한 것이지요. 그럴 때 가장 손쉽게 동원되는 사람들은? 의심의 여지 없이 여성농민들입니다.

　며칠 전 우리 지역에서도 농업인의 날 기념식이 있었고, 나도 참석하라는 얘기를 전해 들었으나 아직 가을일이 마무리되지 않아서 굳이 참석하려 노력하지 않았습니다. 그런데 시간이 다 돼서 다시 연락이 와서는 배식봉사를 해야 한다는 것입니다. 두 여성 농업인 단체가 맡아서 하기로 했다는 것입니다.

아니 이럴 수가, 이래도 되는 것인가요? 하필 농업인의 날에, 하필 여성농민들에게 또 누군가의 밥상을 차리게 하는 것이 말이 되냐 말이지요. 그 생각의 시작은 누가 한 것일까요? 어쩌면 여성농업인 단체 회장님들이 나서서 이런 일쯤은 우리가 할 수 있다고 했을 수 있습니다. 숱하게 그래왔으니까요. 그럴 때는 농업기술센터에서 말했어야지요. 안 된다고, 오늘만큼은 우리가 하거나 외주로 돌리겠다고, 늘 뒷자리를 지켜주는 당신들 때문에 감사했으니 오늘 만큼은 내빈석이나 주빈석에 자리하셔서 차려주는 밥상을 드시라고 강력하게 주장했어야 하는 것이지요.

우리 지역만의 사례일까요? 모르긴 해도 전국의 농업인의 날 기념식 행사를 전수 조사 해볼라치면 상당수 이런 형태로 진행되었을 것입니다. 차라리 우리 지역만의 문제라면 바꾸기는 쉽습니다. 이 개명된 세상에 이와 같이 부당한 일들이 일어난다고 지역 언론에 고하고, 군청 홈페이지에 게재할라치면 자성의 계기, 혹은 토론의 장이 열릴 것입니다. 하지만 여성농민들에게 강요된 헌신과 그것을 당연시여기는 사회풍토는 가정에서부터 지자체나 온 사회 영역에서 만연 돼 있으니 울분을 토하는 수밖에요.

경찰의 날 기념식에 여성경찰 더러 배식하라고 하는 경우 없고, 스승의 날에 여선생님께 요구하지 않듯이, 농업인의 날에 여성농민에게 배식하라는 것은 경우가 안 맞는 일입니다. 일이 이치에 맞는 것인지 아닌지에 대한 감수성을 키워야합니다. 특히 여성농민문제에 관한 감수성을 키우는 문제는 향후 우리사회 농업발전의 또 하나의 과제입니다. 몰랐더라면 깨닫고 아닌 길이면 고쳐야겠지요. 차제에는….

여름정산, 단합대회의 민주화

　어느덧 여름이 끝나갑니다. 작년만큼의 무더위와 가뭄은 아녀도 이제 여름나기는 더위와의 전쟁을 치르는 듯 힘겨운 살이가 되었습니다. 새벽과 늦은 오후가 아니고서는 햇빛속으로 나서기가 겁나서 그늘과 에어컨 아래로만 숨어들기 바빴습니다. 거기에다 여기 남녘은 가뭄까지 겹쳐서 밭작물들이 맥없이 늘어져 있다가, 이 여름이 끝날 이즈음에야 열 오른 대지를 식혀주고 메마른 땅을 적셔주는 단비가 내립니다.

　이제 한결 수월해진 날씨 덕에 한낮까지 고추를 따거나 밭을 치우며 가을농사 준비를 합니다. 그러면서 그 더운 날들을 뭘 하고 지냈나? 하고 돌아보니 지난 여름에는 유독 행사가 많았습니다. 게다가 마늘값 폭락으로 각종 회의나 간담회에 참여했고 힘을 행사하는 농민대회도 다녀왔습니다. 또 단합대회 행사도 많았습니다. 해마다 하는 행사이지만 올해는 남편과 같이 안팎으로 단체 일을 맡다 보니 여느 해보다 신경이 많이 쓰였습니다.

　그래서 무엇을 얻고자 했고 무엇을 얻었는가? 준비 과정은 매끄럽고 무엇보다 꿈꿀 수 있었던가, 그 정산을 하고자 합니다. 사실 여름철 농민단체 단합행사에 드는 노력과 비용은 상상을 초월합니다. 자발적인 찬조금은 물론이거니와 기관단체의 후원까지 보태야 하고, 당일 행사를 치러 내는 관계자의 노고는 말할 것도 없습니다. 이 값비싼 행사의 유래가 무엇이었는지 궁금하기도 합니다. 아마도 세 벌까지 논매기를 마친 농민들이 백중잔치를 하며 고단함을 풀던 것을 농민단체별로 하게 된 것은 아닐까 하고 생각해봅니다.

그 유래가 무엇이었던지 사람이 모이는 것만큼 값지고 재미있는 일이 어디 있습니까? 또 사람이 모이지 않고 이루어진 역사가 무엇이 있습니까? 게다가 늘 수고로운 농민들의 단합이야 더할 나위 없지요. 할 수만 있다면 더 결판진 자리가 되었으면 좋겠습니다. 하지만 단합행사의 면면을 살펴보노라면 고민거리가 많습니다. 먹는 사람과 즐기는 사람, 장만하고 시중드는 사람의 역할이 정해져 있습니다. 그 더위에도 불 앞에서 정신없이 고기를 굽고 삶거나 시중드는 사람(상당수가 여성)도 있고 아침부터 약주를 해서 불콰한 얼굴도 있으며, 이 자리 저 자리로 다니며 친분을 과시하는 이도 있습니다. 세상의 여러 불평등은 고정성으로부터 출발한다고 하지요?

한여름 단합대회가 단합도 알차게 하고, 어렵게 모였으니 주장도 낼 수 있는 값진 자리로 거듭나려면, 모두가 참여하고 모두가 즐길 수 있는 장으로 만들어야겠습니다. 여기까지 생각이 미치게 되면 당장 준비하는 메뉴부터 달라져야 하겠지요. 우선 행사 시작 전부터 삶아야 하는 고기는 제외하고, 또 시작부터 끝까지 불 앞에서 구워야 하는 것도 제외, 행사에 집중하고 마치는 때에 서로 간에 조금만 손을 보태어 배식만 하면 되는 것으로 바꿔야 할 것입니다. 이 사소한 변화를 이끌어내는 것이 곧 단체가 성장하는 것이고 품이 커지는 것이겠지요. 이것을 이름하여 단합대회의 민주화라고 해봅니다. 에잇, 그러면 단합대회가 무슨 재미가 있겠어? 먹는 재미가 제일이지, 라고 하는 이들이 많겠지만 그것도 일종의 관습이나 관례인 셈이지요.

남녀 구성이 다른 여성농민들만의 단합대회를 한 번 살펴볼까요? 일단 한번 참석해 보면 여러모로 양상이 다르다는 것을 단박에 알 수 있습니다. 본행사에는 일사불란하게 집중하고, 간단하고도 맛깔나는 음식을 단번에 차리고 먹고 치우고서는 다시금 여러 행사를 진행합니다. 특정한 여성농민단체만 그런 것이 아닙니다. 어느 단체라도 여성농민들만의 단합대회는 대부분 그런 모습입니다. 그 무슨 차이일까요? 여성농민들은 준비하는 사람과 받아먹는 사람의 구분이 없습니다. 다 같이 준비하고 다 같이 먹습니다. 간혹 나이 드신 분들께는 그냥 드시기만 하도록 젊은 사람들이 식사봉사를 하는데, 어르신들께서도 가만히 받아먹는 것만은 아닙니다. 수저를 놓는 것이라도 도우려 하고 연신 일꾼들도 먹으라고 챙기십니다. 다른 사람을 돌보아온 그 마음이 그렇게 반영되는 것이지요.

지금의 방식을 바꿀 수 없다면 수구(守舊)가 됩니다. 날로 바뀌는 세상에 옛것에 머물러서 늘 하던 대로 하고자 한다면 어찌 농업의 변화를 꿈꾸겠습니까? 앞서는 자, 주장하는 자는 더 많은 것을 고민할 수밖에 없으니까요.

3장

농사 비나리

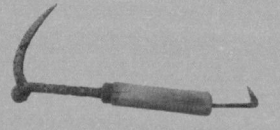

태풍, 가난한 사람들에게 더 위력적인

올 여름 우리나라를 찾아온 태풍 중 가장 위력적인 태풍 '고니'가 곧 닥칠 것이라는 일기예보로 며칠 전부터 예기불안에 휩싸였습니다. 잘 자란 깨며 아직 불타고 있는 붉은 고추, 사료용 옥수수는 키가 하늘까지 닿을 듯한데 무엇보다 이제 고개를 내미는 일모작 벼들이 바람을 맞으면 쭉정이가 되기에 적잖이 애간장이 녹았습니다. 더군다나 흉흉하게도 서부전선의 극한 대결은 예년과 사뭇 달라 한 며칠을 긴장의 도가니 속에서 어찌 보냈는지도 모르겠습니다. 아들이 최전방에 있는 탓에 온통 뉴스에만 신경이 쓰였습니다. 그래도 다행히 남북문제는 협상이 이뤄졌고 태풍은 적어도 이곳은 비켜갔습니다. 이렇게 또 한 번의 위기를 보냅니다.

태풍이 비켜 가면서 비가 얌전하게 차락차락 내리는 날, 오랜만에 한의원 침상에 누워 허리치료를 받았습니다. 때마침 비요일이다 보니 다른 환자들도 많아 한의원이 장터처럼 시끌벅적했습니다. 이리저리 뒤섞인 말들을 귀 기울여 듣자 하니 너도나도 일본으로 비켜 간 태풍 이야기를 하는 것이었습니다. 다들 태풍에 걱정이 많았던 것이지요. 에구 고소하다, 일본으로 잘 갔다, 여기는 복 받은 땅이라나 뭐라나. 아마도 일제 침략 역사와 그에 대한 제대로 된 반성과 사과가 없다 보니 그런 것이겠지요. 그런데 불행하게도 태풍을 비롯한 자연재해는 없는 사람이 제일 피해를 많이 입고 여러 산업 분야 중에서도 농업 피해가 제일 큽니다. 보태서 말하자면 가난한 소농, 그중에서도 여성 농민이 가장 많은 고통을 받게 됩니다. 정작 전쟁범죄를 일으킨 집단은 일본의 권력층이고 이익도 그들이 보는데 말입니다.

이웃 나라 일본은 선진국이다 보니 배고픔의 문제로 접근하기에는 뭣 합니다만, 전 세계적으로 자연재해의 피해로 인한 기아와 전염병 등은 약자에게 가장 가혹합니다. 태풍의 잔해를 치우고 복구를 하는 과정에서도 마찬가지겠지요. 가난하고 힘들었던 지난날을 되돌아보면 답이 나옵니다. 식구들은 많고 때꺼리가 떨어질 즈음에 흉년이 들면 우리네 어머니들의 영양이 가장 후순위로 챙겨졌습니다. 여포 창날 같은 시어른들과 떼창으로 배고픔을 연발하는 아이들, 힘든 일을 하는 남편의 끼니를 챙기다가 정작 어머니는 끝내 몇 숟갈도 못 뜨고 식사를 끝내고는 맹물로 배를 채웠다는 얘기들이 많습니다. 힘들고 어려울 때면 가장 약자의 욕구가 맨 뒤에 채워진다는 것쯤이야 누구나 아는 상식이니까요.

기후변화로 태풍은 더 강력해지고, 여름은 더 덥고 겨울은 맹추위가 기승을 부립니다. 네팔처럼 만년설이 녹아 일정하게 흘러 농사를 짓는 나라도 지구 온난화로 빙하가 한꺼번에 녹아 홍수가 나서 집과 논밭을 잃는 것이 예사라고 합니다. 선진국의 공업화로 인한 기후변화에 가난한 나라가 피해를 보는 셈입니다.

농작물 재해보험에 가입한 농가들은 태풍이 덜 걱정될 수도 있겠습니다. 하지만 대부분의 농가들은 태풍이나 자연재해 앞에 무방비 상태입니다. 가난한 나라의 농업과 또 대다수 소농들, 특히 여성농민들은 자연재해를 그대로 맞습니다. 다른 사람들은 몰라도 농민들은 자연재해로 인한 아픔을 같이 나누며 서로 위로하면 좋겠습니다.

그런데 말입니다. 농산물 시장 개방으로 농민들의 생산 품목이 몇 가지로 집중되다 보니 내 아닌 다른 지역의 피해를 은근 기다리기도 합니다. 이 무슨 슬픈 현실입니까? 나라와 나라도 아닌 한 나라 안에서 농민들끼리의 대결과 경쟁이라니 참 몹쓸 세상이지요. 세상이 그렇다하여 나머지 그럴 수는 없는데두 말입니다. 이 여름에 기후변화로 고통받는 전 세계 모든 사람들, 그중에서도 특히 농민들에 대해 연대의 감정을 가져봅니다. 이겨냅시다. 언제나 그러했듯이.

농기계, 있어도 골병! 없어도 골병!

　장마도 아닌 것이 일주일 가량 봄비가 내린 탓에 온 동네가 조용하더니 날이 들자마자 들판이 분주합니다. 억지로 쉬어도 좋다고 봄비가 내리는 한동안은 마을회관이 북적거렸습니다. 부지런한 농민들은 벌써 고추 심을 밭까지 다 장만해놨지만, 때를 못 맞춘 농민들은 부산하기 짝이 없습니다. 바야흐로 이제 본격적으로 영농철, 완두콩, 감자, 강낭콩 등은 얼굴을 내민 지 오래입니다. 감나무 이파리는 노지 농사 시기를 점치는 척도인가 봅니다. 시어머니께서는 무심결에도 감나무를 눈에 담으며 씨앗 심을 시기를 말씀하시곤 하십니다.

　농사철이 시작되면 여기저기 농기계 소리가 요란합니다. 경지정리가 안 된 논두렁에 물이 새지 말라고 관리기로 부드럽게 논가를 갈아주고, 못자리를 준비한다, 고추밭을 장만한다, 트랙터가 분주합니다. 농사량이 몇 배에서 몇십 배로 늘어난 요즘에는 농기계 없이는 농사지을 엄두를 못 냅니다.

　농기계 사용은 주로 남성들이 합니다. 정교한 조작과 힘이 필요하고 위험하기도 하여 힘이 좋고 기계 조작에 익숙한 남성들이 주로 다루지요. 그러다 보니 농기계를 주로 다루는 사람에게 권력(?)이 주어집니다. 각자 능력대로 하는 일인데도 농기계로 많은 양의 일을 소화하다 보니 기계를 다루는 사람이 으뜸이 되고 그렇잖으면 딸림이 되는 처지가 되는 것입니다. 기계로 하는 일보다 몸을 직접 쓰는 일이 훨씬 힘든데도 말입니다. 그러니 허리 굽은 할배들보다 허리 굽은 할매들이 더 많은 것이겠지요?

예전에 들었던 이야기 하나. 강모 농민 국회의원 사모님, 그 큰 트랙터로 소똥을 치우는 남편이 하도 대견해서 트랙터 바가지가 닿지 않는 곳에는 사모님이 직접 삽질해서 소똥을 담아주며 맛난 반찬도 많이 해드렸답니다. 그러던 어느날 자동차 운전을 배운 사모님이 직접 트랙터를 몰아보니 삽질보다 훨씬 편하더라는, 그래서 억울하더라는 이야기가 생각납니다. 그렇다면 혹시 농기계 사용이 편리하니까 남성들이 독점하다시피 하는 건가? 아니겠죠? 아닐 것이라 보고….

그런데 한 가정에서만 그런 것은 아닙니다. 특히 값비싼 대형 농기계가 있는 농민일수록 갑이 됩니다. 농사일정을 잡는 것도 농사일을 나누는 것도 대형 농기계를 가진 농민에게 맞출 수밖에 없습니다. 특히 여성가구주만 농사를 지을 경우 사정은 더 해서 농기계를 가진 이웃에게 의탁하다시피 해야 합니다. 부탁하지 않았더라도 미리미리 그 집 농사일정을 파악하여 일을 거들며 나중을 기약하는 애달픔이 있지요. 그 마음을 누가 다 알겠습니까?

억울하기는 농기계를 가진 농민도 마찬가지입니다. 기천만 원씩 하는 농기계를 사고 나면 그 기계 빚에 눌려 옴짝달싹하기가 어렵습니다. 해마다 몇백 만원씩 기계값을 갚아야 하고 또 그 와중에 몇백 만원 짜리 작은 기계를 하나씩 사고 나면 한 해 농사이익금이 순전히 농기계값으로도 부족합니다. 기계사용을 못 하게 되어도 골병, 기계값 대느라 골병, 이래저래 농민의 처지가 딱하기만 합니다. 그 와중에 남편은 트랙터 가격을 자꾸 알아봅니다. 고장이 잦고 마력이 낮은 트랙터를 바꾸고 싶은가 봅니다. 걱정이 앞섭니다.

우리는 아직 철기시대에 산다

　농사짓기 시작한 이래로 올해처럼 가을 초입에 태풍이 세 개씩이나 차례로 불어닥친 경우를 한 번도 본 적이 없습니다. 일주일 단위로 몇 백 밀리 씩의 비가 내렸으니 가을농사를 지으려고 진작부터 물을 떼 놓은 논은 다시 질퍽해지고, 나락은 쓰러져 누워버렸습니다. 늦여름에 파종한 당근, 무, 배추 등이 태풍을 맞아 망가지는 바람에 재파종을 해야 한다는 소리도 들렸고, 누운 나락이 발아되어서 농민들이 이래저래 애를 태웠습니다. 쓰러진 벼를 베느라 콤바인이 하루 세 번이나 고장이 났다는 이야기, 1시간이면 충분히 벨 8백평 논의 나락을 5시간이 걸려도 다 못 벴다는 이야기며 태풍으로 말미암은 사건과 사고 이야기가 줄을 이었습니다.

　농지가 좁은 우리 지역도 이 가을이 이리도 심란한데 정읍의 넓은 들에서 몇 백 마지기 벼농사를 짓는 친구는 어떻게 하나 걱정을 하며 연락을 해 봤더니, 아뿔싸 그 집은 범용콤바인이 누운 나락도 손쉽게 베서 가을이 어렵지 않다고 합니다. 범용콤바인? 4조식이니 6조식이니 하는 콤바인의 종류 외의 낯선 이름이 궁금해 검색을 해보니 콩이나 귀리 등 키 작은 농작물도 수확할 수 있는 다양한 용도의 콤바인이랍니다. 동영상으로 보니 누운 나락을 일으켜 세워 베는데 한 치의 주저함도 없이 앞으로 죽죽 밀고 나가는 위용이 대단해 보였습니다.

　그렇잖으면 여러모로 손실이 클 텐데 때마침 그런 놀라운 성능의 기계가 있었으니 참 다행이라며 나의 일상으로 돌아왔습니다. 정읍들판 범용콤바인과는 급이 다르게 나의 가을 일은 낫으로 시작됩니다. 콤바인이 들어가기 좋도록 입구부터 베고, 작업이 수월하도록 언덕 밑 한 줄까지 베어 냅니다. 논과 논의 경계가 논두렁 하나이면 족한 넓은 평야의 논과 달리, 언덕이 높은 다랑이 논은 콤바인 작업을 위한 준비에도 손이 더 많이 갑니다. 또 있습니다. 지난여름 고추나 호박농사를 지은 논밭을 치우는 일인데 우선 작물을 걷어낸 다음 고랑의 풀을 호미나 낫으로 제거하고 비닐을 걷어냅니다. 그렇게 논밭을 깨끗이 치워 놓으면 남편은 퇴비살포기로 퇴비를 뿌리고 비료살포기로 비료를 뿌립니다. 그리고는 트랙터 작업을 한 후 엔진이 부착된 시금치 파종기로 시금치를 뿌리고 복토기로 흙을 덮어 줍니다. 그러고 나면 나는 더 높아진 고랑 끝의 물이 잘 빠지도록 괭이나 삽으로 흙을 떠서 사방 고르게 펴주는 작업을 합니다. 여기에다 가장 손이 많이 가는 마늘농사도 남편은 기계로, 나는 손으로 합니다. 짚을 걷은 자리에 남아있는 지푸라기를 갈고리로 걷어내면 남편은 또 여러 기계작업을 합니다. 그러면 나와 여성농민들이 손으로 마늘을 하나하나 꼭꼭 심어주는 것입니다. 하루 종일 쪼그리고 앉은 자세로 말이지요. 물론 시어머니께서는 한 달 내내 마늘 쪽 분리를 하시느라 창고 바닥에서 사시다시피 하셨고요.

　이런 우리집의 농사를 보고 이웃들은 부부간에 손발이 척척 맞는다고 칭찬을 해주십니다. 그렇게 보일 법도 합니다. 기계 작업이 손쉽게 되도록 길을 터주는 일을 내가 도맡고 남편은 기계작업을 막힘없이 해내니 우리 지역 치고는 제법 많은 농사일임에도 때를 맞춰내니까요. 농사의 가장 기초는 때와 철을 맞추는 것입니다. 농사철을 모른다는 말에서 '철없다'는 말이 유래되었다 할만큼요. 아무튼 한마디로 남편은 21세기 첨단 기계화 시대를 사는 것이고 나는 1,500년 전의 철기시대를 살아가는 것과 다름 아닙니다. 간혹 박물관에 가서 철기시대의 낫이나 삽 같은 문물을 보자면 조금 투박할 따름이지 오늘날의 것과 별로 다를 게 없습니다. 그러니 나는 21세기에도 철기시대를 사는 것입니다.

내가 잘 할 수 있는 여러 가지 일 중 하나가 운전입니다. 그런 나도 경운기 운전이 어렵습니다. 한 번은 남편이 없을 때 경운기를 이동시켜 볼 량으로 창고에서 움직이다가 옆 논으로 떨어질 뻔했습니다. 기계 조작을 할 줄 알더라도 힘이 많이 들어가니까 사용이 어려운 것입니다. 운전 좀 하는 나에게도 힘든 경운기를 어찌 다른 여성농민들이 손쉽게 접근할 수 있겠습니까? 큰 트랙터는 차라리 낫지만요. 어쨌거나 그런저런 이유로 여성농민들에게 농기계 차례는 오지 않는 것입니다. 대신 지금도 철기시대부터 전해 내려온 낫과 호미 등의 농기구로 농사일을 하니 여성농민들이 어깨와 허리, 무릎통증 등 근골격질환을 달고 살게 됩니다. 그리고는 여성농민을 농업의 보조라고 인식하는 것입니다.

여성농민에게 절실한 농기구의 기계화가 더디고, 경량 농기계를 보급하는 것이 미뤄지는 것은 한마디로 농업이 자본에 내맡겨진 까닭이겠지요. 팔릴만한 것들을 중심으로 개발되어 온 농기계산업이 여성농민의 권리나 건강까지 고려하지 않았던 것입니다. 이렇게 여성농민들은 기계화로부터 철저히 소외돼 왔고, 그런 만큼 농업에서 비주체로 인식돼 왔던 것입니다. 각종 기술개발로 세상이 편리해지고, 또 사회가 발달해서 다양한 사람들의 권리가 존중되는 민주적인 세상이라고 합니다만, 농업에서는 아직도 멀기만 합니다. 성주류화니 성인지적 접근이니 하는 고매한 말들이 농촌현장에서는 한참이나 거리가 있습니다. 그러고 보니 여성농민들은 정치적으로나 문화적으로도 철기시대에 살고 있는 셈이네요.

그런데 농업은요?

    1993년도이던가, 김영삼정부가 들어선 지 얼마지 않던 날, 등록금을 대주던 큰 오빠가 집에 와서는 "요새도 데모하는 사람들이 있나? 야당출신 김영삼 대통령이 다 알아서 할텐데"라고 다소 빈정대듯 말을 했습니다. 당시 졸업반이었던 나는 여전히 공부나 취직에 관심이 없으니 오빠 입장에서는 걱정이 앞섰던 것입니다. 한데도 그 말이 어찌나 서운하던지, 그렇다고 따박따박 대응을 하기에는 나의 논리도 부족했고 또 학비를 지원해주는 오빠와의 관계도 있었으니 아무 말도 못 한 채로 뒤돌아서서 훌쩍거리기만 했었습니다. 그러고는 얼마 후 가족들의 걱정과 모두의 반대에도 불구하고 농촌총각과 결혼하여 농사짓고 살게 되었습니다. 그러다 가족모임이나 제사 때 만나 농업이나 시사 얘기를 나눌라치면 오빠는 중도 우파적인 입장이어서 간혹 부딪힐 때가 많았습니다. 좁혀지지 않는 거리때문에 조금 진보적인 철학과 경제에 관한 책을 오빠 집에 갖다 놓기도 했습니다. 오빠를 변화시키겠다는 거창한 생각보다는, 그럴싸하게 말은 못 해도 내 생각이 옳다는 것을 나름 증명해보려는 계산이었을 것입니다. 철없이 말입니다.

    그러던 오빠가 얼마 전 문자를 보내왔습니다. "요즘 준비된 대통령 덕에 나라가 나라다워지는 것 같아 기분이 좋네. 대기업 다니는 사람은 정치 이야기를 잘 안 하는 것이 불문율인데 지금은 그렇지만은 않단다." 길게 산 인생도 아닌데 4반세기 사이 한 사람의 생각이 많이도 바뀌었습니다. 오빠 집에 놓고 온 두어 권의 책 때문만은 절대 아닐 것이고, 아마 오빠도 아이들을 키우고 직장 생활하며 이름값 하고 사는 것이 가볍지만은 않았을 것입니다. 가진 자에게 유리한, 잘난 사람 중심의 세상에서 없이 시작한 오빠가 적잖이 고생이 많았을 것입니다. 그것은 몇 권의 책이나 말로서가 아니라 삶으로서 접하게 된 진실이었겠지요. 그러니 새 대통령의 정책 방향과 인사를 보며 새로운 기대감에 문자로 연통을 넣어온 것이겠지요.

어디 오빠만 그러하겠습니까? 많은 사람들이 새로운 나라 세우기에 기대감이 한껏 부풀어 올라 있겠지요. 그런데 농업은요? (이 짧은 질문은 어쩐지 누군가의 말투를 흉내 낸 듯해서 꺼림직하다만) 라고 묻고 싶습니다. 어디서부터 손을 써야 할지 엄두가 안 나는 이 나라 농업에 대해서 새 대통령은 아직 이렇다 하는 말이 없습니다. 농업환경은 급격히 악화되고 최근에는 기후변화까지 겹쳐 이중삼중고를 겪고 있는데도 농산물 값은 바닥을 치고 있으니 농민들은 불안정한 생활과 만성불안으로 행복지수도 바닥입니다.

모르기는 해도 새 정부의 성격은 딱 두 가지의 정책으로 가늠할 수 있을 것입니다. 바로 농업과 노동정책입니다. 국민들의 피부에 가장 와 닿는 실질적인 삶의 문제와 직접 연결되는 부분이니까요. 국방이나 외교, 교육 등 정부 모든 부처의 정책을 잘 세우고 집행해야겠지만, 그 부분은 일정 생각을 조정하는 문제이니만큼 정부가 가진 힘만큼 해낼 것이라고 봅니다. 하지만 농업과 노동정책에 있어서만큼은 국민들 사이에서도 이해관계가 가장 복잡하게 얽혀있는 것인 만큼 정부가 균형 잡힌 생각을 가지고서 제대로 조정해내야만 국민들의 피부에 '이제사 바뀌어 가는구나'라는 느낌을 가질 것입니다.

국민의 손에서 탄생한 새 정부인 만큼 이름값 하는 정부가 될 것이라는 기대감이 있다 해도 농민들은 개혁적인 정권하에서 가장 큰 시련을 겪은 경험이 있는지라 반신반

의하고 있는 실정입니다. 그러니 주저하지 말고 더 큰 목소리로 농민들의 요구를 주장해야 하겠지요. 자랑 같지만 그런 것은 또 여성농민들이 잘 합니다. 마을 대동회의 자리에서도 대찬 여성들이 뒷말보다 앞말을 제대로 해서 일을 올곧게 만들어 내는 경우가 흔히 있잖습니까?

한미자유무역협정 협상이 한창 진행될 때의 일입니다. 고 노무현 대통령께서 농민단체장들을 모아놓고 농업현안에 대해서 의견을 나누는 자리였습니다. 말이 의견을 나누는 자리였지, 실은 대통령이 농민단체장들에게 대통령의 생각을 주장하는 자리가 되었나 봅니다. 이때 한 경상도 출신 여성농민단체 회장이 물뱀같이 긴 대통령의 말을 듣다가 손을 번쩍 들어 "대통령님예, 농민도 말 좀 하입시더"라며 농업 상황의 절박함을 전했다는 얘기가 있습니다. 그때 말씀을 하던 경상도 아지매 여성농민단체장도, 이야기를 듣던 대통령도 이제 고인이 되어 전설이 되고 말았지만 여성농민의 기세와 당당함은 때와 장소를 구분하지 않고 명분이 있으면 곧바로 움직이는 힘이 있다는 것이지요. 새 정부가 정부 부처 조각을 하는 지금이야말로 제대로 말할 때인 듯싶습니다. 그런데 농업은요?

기우 비나리

비나이다 비나이다, 천지신명께 비나이다. 산좋고 물좋아 살기좋은 이 땅에, 봄가뭄이 극에 달해 여기저기 농민들의 신음과 원성이 온 들판을 덮습니다. 먹을 것이 없어 보릿고개 넘기조차 어려웠던 그 시절도 다 지나고 좀 살만한 세상인가 싶은데도 농민들 살림살이는 예나 지금이나 달라질 게 없습니다. 기술혁명, IT농업, 6차산업… 제 아무리 좋은 말로 포장해도 농사는 하늘과 농민들 손끝에서 만들어지는 것이 분명한데 하느님이 노하셨는지 비를 아니 주십니다.

어쩌면 하느님께서 노할 만도 하다 싶습니다. 세상이 아무리 달라졌다 해도 하루 세 끼를 먹는 것까지 달라질 리는 만무한데 먹거리를 천대하고 농민들을 무시하니 뜨거운 맛 좀 보라하며 벌을 내리는가 봅니다. 그런데 참 애타게도 그 뜨거운 맛조차 농민들이 보게 됐으니 이를 어찌하면 되오리까? 사람들은 도시에서 나고 자라고 생활하는지라 촌살림은 아예 모르다시피 합니다. 요새 비가 좀 안 내린다고 언론에서 제법 떠드니까 그런가 보다 생각하지, 또 돌아서면 농촌에서 죽이 끓는지 밥이 끓는지 모릅니다. 멀찍이서 바라보는 농촌의 풍경은 그야말로 총천연색 잡지 사진의 한 장면에 불과한 것이겠지요. 얼마나 발을 동동 구르며 논에 물을 대야 어린 모가 자라면서 푸르름을 유지할 수 있는지 알기나 하겠습니까. 물시설이 좋은 곳에서도 웃논에서 물을 먼저 대 버리면 아랫논은 웃논 물대기가 끝나기만을 기다려야는데 기다리는 시간동안 6월 폭염에 논이 더 빨리 마르니 마음조차 바짝바짝 마릅니다. 그러다 농민들끼리 언성이 높아지고 그 옛날처럼 보싸움까지 하는 판입니다. 아침 일찍 들에 나가면 저마다 논에 물을 대려고 사람들이 시장처럼 북적입니다.

물 시설이 나쁜 곳은 아직 모내기를 시작도 못 한 곳이 있습니다. 사람들은 그따위 논들은 버리라고 하지만, 농민들 마음이 어디 그렇습니까? 남에게는 시시한 그 땅도 주인에게는 아픈 손가락이지요. 아픈 손가락이라고 잘라버릴 수 있나요? 물이 귀하면 귀한 대로 철 따라 농사짓는 것이 농민의 심정인데 어찌 쉬 버릴 수가 있겠습니까. 아니 할 말로 들녘 좋은 김제평야, 나주평야에서만 국민들이 먹는 쌀을 다 생산할 수 있나요? 강원도 경상도 그 산골에서도 물길 닿는 곳이면 논을 일궈서 모를 꽂아왔고 그 덕에 쌀만큼은 자급자족하는 것인데, 아직도 하늘 물 받아서 농사짓는 그 땅들은 하염없이 하늘만 바라보고 있습니다. 그 애타는 과정을 뒤로한 채 차로 마주치는 들녘에는 이 가뭄에도 평온하기 짝이 없습니다.

비나이다 비나이다, 천지신명께 비나이다. 비를 내리게 하옵시고 사람들에게 생명의 소중함을 일깨워 주고 물의 귀함을 깨닫게 하옵소서. 성장과 풍요의 시대에도 오히려 물 부족이 근원적인 사회문제가 된다는 자연의 엄중한 경고에 귀 기울이게 하소서. 더불어 사는 세상의 가장 중심에 농업이 있고, 사람과 환경이 상생해야 농업이 있다는 것, 모든 생명들이 공존하는 것이 유일한 희망임을 안내하소서. 이 긴 가뭄의 시간이 그런 깨달음을 얻게 하시고 당장의 가뭄을 해소하기 위해서 모든 힘을 집중하게 하소서.

가뭄극복의 이 과정을 다 딛고 농사를 짓더라도 또 외국농산물이 물밀 듯이 밀려오는 판이라 농민들은 또 한 번의 시름을 겪습니다. 물 건너오는 농산물 중에 그 나라 보조금을 받지 않고 생산되는 것들은 별로 없습니다. 잘 사는 나라의 보조금으로 지은 농사가 다른 나라의 농촌을 황폐화 시키는 악순환이 반복되고 있습니다. 없는 것 수입하는 것이야 뭐가 문제이겠냐만 그 나라의 농업을 파괴하는 방식으로 수출되는 농업이라면 단연코 반대할 일입니다. 농업에서만큼은 경제가 아닌, 생명의 논리로 바라보게 하옵소서. 농민들에게도 보편적인 인간의 권리가 보장되게 하옵소서. 천지신명이시여, 푸른 들판에서 시커멓게 타들어가는 농심을 굽어살피시어 비를 뿌려주옵소서.

아프지 말거나 대신해 주거나!

   이상하리만치 올 봄에는 우리 마을에 다치거나 아픈 분들이 많았습니다. 넘어져서 팔이나 무릎연골을 다치신 분, 갑상선암 치료를 시작하신 분, 게다가 망막이식 수술을 하신 분도 계셨습니다. 농사철을 앞두고 큰 병원에 다니는 분들이 많이 생겨난 것입니다. 농민들은 몸이 아프면 몸 아픈 것은 뒤로하고 일 걱정에 마음고생이 더 심합니다. 그 힘든 농사일을 대신해 줄 사람이 없으니까요. 자식들을 불러 일을 시키기도 하지만 자식이라고 어디 쉽습니까? 그네들도 다 일이 있는데 주말에 불러서 일을 시키자면 이 소리 저 소리 해야 하고, 무엇보다 자식들 고생시키는 것이 영 속이 아픕니다. 그럴때면 미우니 고우니 해도 부부끼리 농사일을 한다는 것이 참말로 고맙고 다행한 일이라고 새삼스레 느끼게 됩니다.

   부부가 같이 일을 하는 다른 업종들도 마찬가지겠지만, 농사만큼 부부 의존도가 높은 일은 드뭅니다. 농기계를 다루거나 힘쓰는 일은 주로 남성이 하고 섬세한 농작물 관리는 여성이 합니다. 물론이거니와 두 사람의 손이 잘 맞아야 제대로 농사를 지을 수가 있습니다. 일꾼을 쓰더라도 농사일과 일꾼 관리를 같이 하려면 역시나 내외간의 손이 맞아야 효율성이 높습니다. 그러다보니 한 사람의 빈 자리가 아주 클 수밖에요.

   키위 수정이 한창이던 때, 연골을 다친 형님이 덜 회복된 몸인데도 워낙 일이 많으니까 들에 나갔나 봅니다. 사실 그 형님이 몇 년 전에 경운기에서 떨어진 경험이 있는지라 웬만해서는 경운기를 타지 않습니다. 그런데도 잘 걷지를 못 하다 보니 어쩔 수 없이 남편분의 경운기를 탔더군요. 마음의 상처를 '트라우마'라고 하지요? 아마도 그 형님, 필시 경운기에 대한 트라우마가 있을 텐데도 농사일이 워낙 급하다보니 경운기에 올라 탄 것입니다. 그리고는 돌아오는 길에 혼자 힘으로 못 내려 남편분이 안아서 내리는데 그 장면을 보게 된 것입니다. 그 순간 눈물이 핑 돌았습니다. 저 아픔을 누가 알까 싶어 내 마음이 일렁였던 것입니다.

　농사일은 몸을 주로 쓰고 여러 기계를 사용하는 작업이다 보니 근골격질환도 많고 사고의 위험성이 높습니다. 50대 이상의 농민들은 허리 치료나 어깨·팔목수술을 하는 등 장기치료를 요하는 질환을 갖고 있는 경우가 허다합니다. 그런 노동의 특성이 있는데도 그것을 보완해 줄 아무런 제도가 없습니다. 더군다나 부부 중 한 사람이 심하게 아프면 농사를 작파하는 경우도 다반사입니다. 아프면 어쩔 수 없는 것이고 다 제 복이라고들 생각하겠지요? 실제 그렇기도 합니다. 그런데 어쩌다 가끔은 농사일이 국가의 대사라고 느낄 때가 있습니다. 멸구가 심한 가을철에 무상으로 멸구약이 나올라치면 '아, 국가가 농업을 관리를 하기는 하는구나' 싶기도 합니다. 그 때를 빼고는 농민들이 처한 개별의 어려움을 국가나 사회가 먼저 나서서 해결해 주는 경우는 보기 드뭅니다.

　개별의 어려움이 비슷비슷해 사회적 양상을 띠게 되면 그것은 사회적 문제입니다. 그러므로 만성적인 농민의 질환은 사회적 손실로서 농업생산에 막대한 차질은 물론, 고된 일을 더 기피하게 돼 농사를 이을 후계자가 없게 됩니다. 당장의 방법이 있을까요? 사람사는 세상에 생겨난 문제를 사람이 해결 못할 게 뭐가 있겠습니까? 농업을 돈벌이로만 보지 않는다면 말이지요. 영리를 목적으로 하지 않는 영농사업단을 운영하면 좋겠습니다. 농민들 중 누군가가 많이 아플 때 비용 걱정 않고 기꺼이 도움을 청할 수 있는 영농단 말이지요. 농사에서 제일 중요한 것은 농사의지입니다. 농사의지가 있는 농민들에게 농사를 지을 수 있도록 지원하는 역할, 국가나 사회가 해야 할 일이 아니던가요? 여성농민에게는 더욱 절박한 문제이지요. 요새 유행하는 '일자리 창출'도 되겠다는 생각입니다.

40대 농사꾼 보호 프로젝트

경험만한 훌륭한 선생이 없다는 말은 농업에서 더 빛이 납니다. 걸음조차 시원찮은 어르신들이 짓는 농사가 젊은 농민들의 생산을 훌쩍 뛰어넘는 모습도 흔히 보게 됩니다. 텃밭 농사도 주변 어른들을 따라 하노라면 실패할 확률이 훨씬 줄어듭니다. 그럼에도 농사에서 40대 농민들을 눈여겨 보아야 한다는 생각입니다.

40대가 농업에서 중요하다고 하는 것은 내 시각으로 딱 2가지가 있습니다. 첫째, 자녀 교육비가 월등하게 많이 지출되는 시기이기에 교육비를 포함한 제반 생활비를 농업소득으로 감당할 수 있는가? 하는 것 입니다. 조기교육이나 사교육이 어떻다 해도 매우 잘 사는 사람들 말고는 그 부담이 중·고등학생을 넘어 대학 교육비만큼은 아닐 것입니다. 주변에서도 재촌탈농, 즉 부부 중 한 사람만 농사를 담당하고 한 사람은 다른 일거리를 찾아 나서는 시기가 이 시기인 경우가 많습니다. 아니, 요즘의 젊은 농민들은 부부가 애초에 직업을 달리하며 살림을 시작합니다. 어쨌거나 40대의 농업소득으로 영농비나 생활비 전반을 감당할 수 있을 때 40대가 농사를 지어낸다는 것입니다. 이 때문에 40대 전업농 상황이 농가경제의 실질적 척도가 된다는 것이고 이는 농업의 미래를 그려내는 척도도 된다는 것이지요. 농업소득률이 점차 줄어들고 있는 현재 상황에서 그나마 농업이 지탱되는 이유는 지출이 확 줄어든 60~70대 고령의 농민들이 소비를 최소화하며 지탱해내는 것이 지금의 농가경제구조라는 것이지요.

둘째는 새로운 농사를 시작할 수 있는 마지막 보루인 세대라는 것입니다. 공업이나 상업에서도 업종 간 변경은 쉽지 않으나, 농업은 차원이 다릅니다. 감농사를 짓던 사람이 배농사를 지어 소득을 제대로 내려면 족히 7~8년은 걸립니다. 노지작물을 재배하던 사람이 시설원예로 전환하려 했을 때 그 기반 마련에 엄청난 노력을 기울여야 하는데 그나마도 그 많은 부담을 감당해내며 투자를 과감히 할 수 있는 세대가 바로 40대까지라고 생각하기 때문입니다.

여성농민의 입장에서 보자면 더 큰 문제가 있습니다. 40대 여성농민은 농촌지역 사회에서 아직은 비주류 세대이므로 가정에서나 마을에서 여전하게 시집살이를 해야 하는 시기입니다. 텃밭의 잡초도 말거리가 되고, 마실을 가는 것도 말을 듣습니다. 사람들의 관심이야 고맙지만 관심의 범주가 워낙 좁다 보니 젊은이들의 일거수일투족을 훑어냅니다. 이 부분에서 많은 젊은 여성농민들은 농촌에서 사는 데 많은 부담을 느끼는 것이지요.

그 시절을 넘기고서야 비로소 발언권도 높아지고 행동규약도 자유로워집니다. 사실 가부장제 사회는 남녀 간의 차별이 주가 아니라 힘이 센 자와 약자 사이의 문제가 주가 됩니다. 때문에 여성이라 할지라도 산전수전 다 겪고서 실질적인 권한을 쥐는 연배가 되면 살만한 세상이라고 합니다. 삶이란 것은 누구나 힘든 것이고 어려운 시절을 참아내면 끝에는 살만하다고 말하는 것이지요. 하지만 힘이 없는 어린 여성들은 물론이거니와 가난한 이들, 장애를 가진 이 등 사회적 약자들은 온갖 상처를 받아 제대로 성장하기 어렵습니다. 알고 보면 몇몇을 빼면 대부분이 사회적 약자인 조건에서 힘 있는 누군가로부터 멸시 당하고 소외 당하는 것이 전통적인 가부장 사회입니다. 그런 풍토에서는 누구라도 풍부한 경험과 지혜를 겸비하여 후배들을 자상하게 안내하는 여유로운 어른이 되기가 어려운 것입니다. 누구나 뒷말을 듣는, 알고 보면 마음속 깊은 곳에 상처투성이의 어른아이가 아직도 삶을 두려워하고 있는데 말이지요. 그래서 비교적 젊은 여성농민들은 농촌에서 생활하는 것이 그냥 힘이 든 것입니다. 개명된 세상에서도 여전히 말입니다.

　내가 사는 고장에 아직 40대가 전업으로 농사를 짓고 있다면 아직은 희망이 있다는 증거입니다. 없다면 조금 우울한 상황이라는 것은 말할 것도 없지요. 이제 젊은 농사꾼은 경쟁자가 아니라 누군가로부터 보호받고 장려 받아야 할 보호 대상자가 되고 있습니다. 농업의 대를 이어갈 후대이므로 무턱대고 격려하기, 무턱대고 칭찬하기, 무턱대고 안내해야 하겠네요. 누가? 그 절실함을 아는 이로부터 시작하는 것이겠지요.

농기계 박람회를 다녀오면서

　며칠 전 작목반 나들이가 있었습니다. 매년 다니던 것을 격년으로 바꿔서 2년 만에 집을 나섰으니 마음이 한결 수월했습니다. 임원을 맡은 남편의 지위상 김치 담고 여러 가지 간식거리며 안주를 미리 준비해야 하는 등의 실무 부담이 확 줄었으니까요. 추수를 끝내고 조금은 가벼운 마음으로 남도까지 덮친 가을을 만끽하며 나들이 가는 즐거움은 확실히 농민들만이 가질 수 있는 여유인 듯합니다. 초창기에는 작목의 특성에 맞게 시금치나 마늘 주작지에 다녔는데 지금은 다닐 만큼 다닌지라 호기심을 채워줄 마땅한 선진지(?)가 없어서인지 농업 관련 전시장을 찾기도 합니다. 역시나 빠질 수 없는 곳이 농기계박람회장입니다. 남도의 바닷바람을 뒤로 하고 신이 내린 지평선의 고장 김제 벽골제로 다랑농사꾼들이 가게 된 것입니다. 톤 백 나락을 실은 트럭들이 줄지어 다니는 것을 보는 것도 관광이요, 탁 트인 지평선과 커다란 모눈종이 같은 들판 풍광은 덤이었습니다.

　농기계박람회장을 찾는 농민들은 어떤 생각들을 할까요? 함께 그들의 발길을 따라 다니며 그들이 흘리는 비평을 주워들어 봅시다. 입구에서부터 백 마력이 넘는 트랙터가 사람 키보다 큰 바퀴를 자랑하며 우뚝 서 있습니다. '이거, 2년 전에 거울 옆에 손톱으로 꾹 눌러서 표시해놨던 게 그대로 있네. 아직도 안 사갔나?' 너무도 비싸서 엄두도 못 낼 트랙터 더러, 내가 못 사니 남들도 안 샀으면 하는 바람이 있나 봅니다. 실상 농민의 처지와 농업의 현주소가 일치하는 장면입니다.

또 한참을 걸으니 벼를 이앙하듯 온갖 채소, 가령 양파나 배추처럼 육묘트레이에 키운 것들을 정식하는 채소 이앙기가 있습니다. '아이쿠야 농민들 팔자 고쳤네. 인자는 웬만한 농사일도 기계가 다하니 농민들은 보단만 꾹 눈지르면 되겠구먼' 사고 싶은 마음보다 비아냥이 앞섭니다. 정교한 기계일수록 더욱 비싸니까요. 그러다가 사람들이 가장 많이 모여서 웅성거리는 곳에 가보니 역시나 안전한 예초기 날을 판매하는 곳입니다. 비로소 편한 낯빛을 한 농민들을 만날 수가 있습니다. 이것저것 만지작거리며 각자의 경험을 공유합니다. '이 똥그란 칼날이 말이야 일하기 참 좋아! 이것 한 번 써 보라구.'

그 기계 중 일부는 누군가에게 필요한 것일 테지요. 그렇게 정교한 기계를 만든 이 또한 농민들의 절박함을 쓰임새 있는 농기계로 만드느라 여러 번의 실패를 경험했을 것이고 비용도 많이 들었을 것입니다. 그 많은 사연을 담은 농기계 박람회장의 농민들 생각은 또 수천수만 가지 번뇌로 이어졌을 것입니다. 농사일의 고단함을 덜어줄 농기계들 앞에서 그 농기계들 사느라 더 고단해지는 삶을 사는 농민들에게 농기계는 애증의 대상입니다. 농기계가 없는 것도 힘들지만 사들이면 기계 빚에 눌려 더 숨쉴 구멍이 없으니까요. 더군다나 농기계는 커녕 아직도 농기구 수준에 머물고 있는 여성농민의 상황은 또 어쩌란 말입니까. 100년도 전에 쓰던 호미며 낫까지 별로 달라진 게 없습니다. 그래서 혹자는 여성농민은 아직도 철기시대에 머물러 있다고도 합니다. 참 적절한 표현이지요. 혹 농기구박람회라도 열어야 하는 건가요?

수요와 공급의 법칙만이 있는 시장에 정책이라는 공공성이 개입되어야 한다는 것을 절실히 느끼는 시간이었습니다. 농민들의 관심과 표정이 어디에 머무는지, 농기계로부터 소외되는 농민은 없는지, 아직도 손도 못 대고 있는 미개척 농기계 분야는 무엇인지 유심히 살피는 따뜻한 눈길이 그 어디에 숨어 있었을까요?

장에서 농산물 파는 할아버지를 본 적 있나요?

    오늘은 시어머니와 들깨 수확을 했습니다. 들깨 수확 후에는 양파나 심을 수 있을까, 마늘이나 시금치 등의 월동작물도 때가 늦어 심을 수가 없습니다. 그러니 들깨를 털면 가을걷이가 마무리되는 셈입니다. 들깨는 어정쩡하게 남는 논밭의 귀퉁이에 심습니다. 그렇게 심어도 잘 자라기 때문입니다. 올해는 들깨가 풍년인가 봅니다. 크고 작은 마디마디에 들깨씨가 들어있어서 막대기로 톡톡 때리면 촐촐 흘러내리는 것이 사랑스럽기 짝이 없습니다. 뭐니뭐니 해도 들깨는 향입이다. 해 저무는 가을날, 들깻대를 태우면 낮게 깔리는 저녁연기에 실린 들깻대 내음이 영혼을 매만져 주는 듯 황홀해집니다. 이 냄새를 기억하고 있다면 필경 촌사람임에 틀림이 없습니다. 그 좋은 냄새를 기억하고 있는 아름다운 촌사람이지요. 각설하고 그런 들깨를 터는 어머니의 표정도 한없이 밝습니다. 들깨나 참깨, 토란 같은 작물은 주로 어머니의 전매특허 농사입니다. 파종과 수확에 조금 돕기는 하지만 대부분의 과정을 당신께서 돌보십니다. 그런 농사의 갈무리를 잘 하셔서는 가끔 시간이 나거나 아니면, 사람들이 찾는 즈음을 기가 막히게 아시고는 때를 맞춰 인근의 오일장에 내다 팔고는 하십니다. 비교적 아침 일찍 모셔드리면 시장 한쪽에 쪼그리고 앉아 내내 손님을 기다립니다.

    시장에는 농산물을 팔려는 농민들이 더러 있습니다. 대부분 어머니처럼 연배가 있으십니다. 장사를 전문으로 하는 사람들 중에는 조금 젊은 사람들도 있지만 농사를 지으면서 가끔 오일장에 물건을 팔려는 사람들은 제법 세월의 무게를 아시는 분들이십니다. 왜 그럴까요? 젊은 사람들은 팔 게 없어서? 그럴 수도 있을 것입니다. 젊은 사람들은 한두 가지의 농사를 규모 있게 지으니 시장에 내다 팔 그 무엇이 없는 것이겠지요. 하지만 어른들은 빈 터만 보이면 이것저것 때맞춰서 심고 꼽고 하니 여분의 농사가 생기는 것입니다. 그럴 경우 시장으로 가져가는 것이 가장 손쉬운 방법인 셈입니다. 그렇게 남는 농산물을 장에 팔러 나가지만 일찌감치 잘 팔리는 인기상품이면 상관이 없지만, 인근에서 누구나 농사짓는 그런 것이라면 잘 팔리지 않을 것이고 파장 무렵이 다가오면 헐값에 넘기거나 혹은 장사꾼들과 물물교환을 하기도 하고, 그도 저도 아니면 그냥 되가져가는 수밖에 없을 것입니다. 그런 부담을 안고서 장꾼으로 나설 사람이라면? 응당 산전수전 다 겪고서 더는 무서울 것도 걱정될 것도, 당연히 부끄러움도 없이 살림에 조금이라도 보탬이 된다면 그것으로 만족하게 되는 이제는 작아진 할머니들이 많은 것이겠지요. 그럼 할아버지들은요? 글쎄요, 오일장에 농산물 팔러 나오시는 할아버지는 여태 본 적이 없습니다. 푼돈이라서? 그렇더라도 담배값, 손주들 과자값은 될텐데요. 품격이 떨어져서? 할머니들은 품격이 없나요?

그렇겠지요. 농민들의 존엄이 훼손되는 까닭 때문일 것입니다. 농사지을 때는 아무리 거친 옷을 입고 거친 일을 하더라도 생명을 키워내는 보람이 있어 괜찮지만, 시장의 한 모퉁이에서 하염없이 손님을 기다리는 일은 농민으로서의 품격이 깎이는 일입니다. 그것은 손님들에게 절대적인 권리가 있기 때문입니다. 대부분의 농산물은 생물인 까닭에 제때에 팔지 못하면 헐값에 넘겨야 합니다. 원래 그런 것 아니냐고, 이것은 수천 년이 넘은 거래 방식 아니냐고 합니다. 글쎄 말입니다, 그렇게만 알고 있었지요. 다른 세상이 있다는 것을 몰랐을 때는 말이지요.

하루가 다르게 변하는 세상에서 농업의 위기는 어제오늘의 일이 아닙니다. 더불어서 농민들의 삶의 질은 가늠하기 어려워지고 있습니다. 이제 농가소득이 도시소득의 절반을 조금 넘기는 시대입니다. 그러니 농민들은 농업소득을 높여내기 위해 갈수록 농사 규모를 키우고 있습니다. 이러니 도매시장에 내다 팔 수 있는 상업적인 농산물을 제외하고는 상당수의 농작물이 사라져 가고 있는 것이지요. 따라서 아직까지 생산되는 소농들의 다양한 농산물은 더없이 소중하고 지금이라도 제대로 지켜 내어야 하는 것입니다. 그러려면 소농을 살릴 수 있도록 시장을 개선해야 하겠지요. 다행스럽게도 진작부터 그런 건강한 고민을 해오는 사람들이 있고 심지어 선진적인 지자체에서는 이미 시행을 하고 있다고 합니다. 이름하여 직매장이나 농민시장, 또는 로컬푸드 매장운영이라 하지요. 농민들이 생산한 농산물이라면 무엇이라도 판매될 수 있도록 하겠다는 취지로, 이는 생산자의 품격까지 생각하는 매우 아름다운 판매방식인 셈입니다.

　새벽부터 시장 한쪽에 쪼그리고 앉아 오매불망 손님을 기다리는 것이 아니라 잘 정돈된 매대에 생산자의 이름을 걸고 팔릴 수 있도록 하고, 팔리지 않는 농산물의 경우, 종류에 따라 판매기일을 정해두고 생산자가 수거해갈 수 있도록 한다 하니 이는 제법 폼나는 시장임에 틀림없습니다. 이런 모양새가 아니라면 그 이름도 거창한 전국의 로컬푸드 매장의 제대로 된 모습이라 할 수 없을 것입니다. 기존과 다름없는 유통방식인데 간판만 그 이름을 단다 하여 달라질 그 무엇은 없을테니까요.

　가계에 보탬이 된다면서 아무 것도 가리지 않는 헌신성과 절박함만으로 농업과 오일장을 살릴 수는 없습니다. 농산물의 가치를 살려낼 수만 있다면야 시장이면 어떻냐고 하겠지만 연로한 여성농민의 농업사랑을 세상이 지켜줘야 하겠지요. 그 헌신성을 귀하게 여기되 새로운 기회를 만들어야 할 것이라고 들깨를 털며 상념에 빠져봅니다.

바쁠 때는 같이 바쁩시다

　수확과 파종이 동시에 이뤄지는 가을 들녘이 분주합니다. 마을 안길을 달리는 경운기들도 자동차로 치면 5단 기어를 넣은 듯 초고속으로 달립니다. 농민들의 마음이 그만큼 바쁘다는 것이지요. 농사철의 시끄러운 경운기 엔진소리는 그 옛날 추수하는 들판의 풍물선동대처럼 기운을 북돋워 줍니다. 누군가의 바쁘고 잰 움직임이 상대방에게도 힘을 불어넣어 주는 것처럼요. 남보다 일이 처지게 되면 두 배로 힘들다며, 남들과 때를 같이 하도록 서둘러야 한다고 시어머니께서 힘주어 말씀하시는 까닭도 이 때문입니다. 옆 사람이 주는 조금의 긴장감은 다른 사람에게 힘을 준다는 것을 어른들은 익히 아시나 봅니다.

　이 바쁠 때 농협이나 행정기관 사무실에 들어서면, 그 고요한 정적에 냉장고가 돌아가는 소리와 펜글씨 소리가 사각사각 들려 같은 공간의 다른 세상에 빈정이 상할 때가 있습니다. 농민들은 바빠 죽겠는데 농협 직원들이 저리도 한가하니 세상이 이리 불공평해서야 되겠냐고 세상에서 농협 직원들이 제일 나쁜 듯이 말합니다. 눈에 빤히 보이니까요. 사실 대부분의 사회악은 눈에 안 보이는 곳에서 치밀히 구성되는데 말이지요.

　그런 우리 농협 직원들이 요즘 무지하게 바쁩니다. 새로 마늘기계 식재 사업을 추진하다 보니 씨마늘 분류작업과 종자 테이핑, 실제 논밭의 트랙터 작업에도 상당수 직원들이 동원되고 있습니다. 본점에서 제일 큰 책상에서 결재업무를 담당하는 전무님도 씨마늘을 고르느라 한참을 서 있고 경제사업 담당직원은 숫제 물류센터에 살다시피 합니다. 몇십 킬로가 되는 마늘 상자를 들고 내리며 어떻게 하면 작업이 원활하게 될지를 궁리하는 모습이 어찌나 고마운지 모릅니다. 일전의 회의장에서 서운했던 모습이 일순 사라졌고 음료수나 간식이라도 챙겨가지 못한 손이 부끄러웠습니다.

유토피아라고 들어보셨어요? 가장 이상적인 사회라고들 하는데 500년도 전에 영국의 소설에 나오는 얘기랍니다. 그 이상사회라는 것이 별다른 것이 아니라 몇 년 마다 돌아가며 일을 한다는 것이랍니다. 이를테면 농민이 농협에서, 농협직원이 들판에서 일을 해본다는 것이겠지요. 그러면 신분의 격차가 없어질 것이고 노동의 경중을 같이 느끼게 될 터이니 이 어찌 모두가 꿈꾸는 이상사회가 아니겠습니까? 이상사회에서나 가능한 일을 현실에서 그 가까이라도 가본다면 참으로 값진 일이지 않을까요?

직원들이사 느닷없는 일에 황당할 수도 있겠어요. 하지만 그 부담을 풀어주는 일부분의 몫은 농민들에게 있기도 하겠지요. 당신들 수고한다고, 이제 마음이 놓인다고, 같이 살자고 응원을 아끼지 않는다면 그 고단함이 풀리겠지요. 그리고 이참에 진도를 더 빼 봅시다. 농민들에게 사랑받는 농협 임직원들이 되도록 농민들과 생체리듬을 같이 하는 일 말입니다. 서로의 처지를 이해하고 같이 고민을 나누자는 것이지요. 불가능할까요? 한꺼번에 제대로 바뀔 수는 없겠지만 천천히 언젠가는 그 방향으로 가야할 것입니다. 따지고 보면 세상의 많은 일들이 서로의 처지를 바꿔놓고 입장을 살펴보면 안 풀리는 일이 없을 것입니다.

농사, 달리 말하고 달리 듣기

　부녀회 모임을 한다거나 제사음식을 나눠 먹을 때나, 심지어는 마을관광을 가더라도 농민들이 모이면 어김없이 농사 이야기가 펼쳐집니다. 대개는 현재 짓고 있는 농사에 대한 이야기이지만 또 지나간 농사에 대한 갈무리도 합니다. 올해 고추를 몇 근 땄다, 그 논에서 나락이 몇 가마니가 나왔다, 그래서 총 얼마 벌었다는 얘기를 자랑삼아 하는데 번번이 나의 예상을 뛰어넘습니다. 우리 집과 비슷한 규모의 농사를 짓는데도 나락이며 고추, 마을 소득이 우리 집보다 한참은 높습니다. 그래서 우리가 참 얼치기 농사꾼이구나 싶을 때가 많습니다. 암만요, 오로지 농사에만 열중하는 농민들에 비하면 젊은 우리 부부의 농사는 어설프기 짝이 없습니다. 농사에 몸을 맞춰야 하는데 몸에 농사를 맞추려 하고 게으름을 피워 철을 맞추지 못할 때도 있고, 이런저런 이유로 나다니는 일이 잦다 보니 경험 많은 농민들의 우직한 농법을 따라가기는 언제나 어려운 법이지요. 그럴 때마다 남편과 농사를 더 열심히 지어서 남들만큼 소득을 올려보자고 작은 목표를 세워보곤 합니다.

　그런데 웬걸, 우리도 농사를 열심히 짓고 그래서 제법 농사를 잘 지었다고 하는 데도 다른 사람들이 말하는 소득에는 언제나 못 미치는 것이었습니다. 그들의 비법은 뭔지, 우리는 도대체 뭘 잘못하고 있는지 고심하다가 명백한 사실을 한참 후에나 알았습니다. 그것은 농민들의 자존심이었다는 것을, 엄청나게 부풀려서 말하는 것은 아니지만 끝자리 수 정도는 반올림한다는 것과 한번 잘 지은 농사를 매번 그 수준으로 말한다는 것입니다. 무엇보다 다른 사람들에게 업신여김을 당하기 싫은 까닭이기도 하고 또 농민들에게 농사를 잘 짓는 것만큼의 자랑은 없는 것이기에 농사를 말할 때는 언제나 부풀려서 말하게 된답니다. 하고 보니 나도 누구에게 농사 이야기를 할 때 일부러 축소해서 말할 때는 없었던 듯합니다. 조금이라도 살을 붙였으면 붙였지 줄이지는 않더란 말입니다. 선의의 경쟁이 인류의 진화와 기술의 발달을 가져온 것처럼 이웃의 농사와 경쟁하는 것이야 당연하고도 당연한 일이지요. 문제는 선의의 경쟁 그 자체가 문제가 아니라 솔직하게 자신의 농사를 말할 수 없는 풍토가 있다는 것인데 농업소득이 적은 것을 능력의 부족으로, 수준미달로 평가받기 때문에 다소의 허세를 부리는 것이 아닌가 하는 생각도 듭니다.

하지만 요즘 어지간한 농사가 죄다 생산비가 나오지 않는다는 것은 농민이라면 누구나 알고 있습니다. 농업 소득률이 30%를 조금 넘기는 수준이니 말해 무엇하겠습니까? 생산비를 조금이라도 아껴보려고 남보다 더 일찍 움직이되 늦게까지 일하고, 농기계도 조심해서 다루고 고장난 농기구도 구석에 쟁여 놓았다가 손봐서 씁니다. 농민들의 창고는 만물상처럼 여러 가지 도구들이 쌓여 있습니다. 혹여라도 다음에 쓰이게 될 것이라고 버리지 못하는 것이지요. 그래서 농민들에게는 갈수록 더 큰 창고가 필요한지도 모르겠습니다.

어쨌거나 남에게 뒤처지기 싫은 마음에 나의 농업소득은 월등하다고 말하지만 돌아서면 내내 걱정이 앞서는 것이 농민의 진심인 것입니다. 빈 땅을 못 놀리는 농민의 심정으로 말미암아 벙어리 냉가슴 앓듯 하면서도 내년에는 좀 나아질 것이라 기대를 하며 농사를 짓지만 역시나 호주머니는 불러오지 않습니다. 그런데도 농민들의 얘기로만 치자면 농사가 그린대로 괜찮은 모양새입니다. 그러다가 누구 한 사람이 농사 못 짓겠다고, 이렇게나 돈이 안 될 수는 없다고 강하게 불만을 표하면 그때서야 너도 나도 실은 농사가 돈이 안 된다고 말을 하는 것입니다.

엊그제 농협에 출하했던 나락값이 4만 4천 원으로 결정되었다는 얘기에 농민들이 어안이 벙벙합니다. 4만 2천 원으로 선지급금을 줄 때는 그래도 좀 더 주지 않을까 하는 기대감이 있었는데 겨우 2천 원만 더 준다 하니 긴가민가 해 합니다. 나락값이 떨어져도 이렇게나 떨어질 수 없다고, 참말이지 누가 농사지어 살겠냐고 야단을 하는데 거기까지입니다. 세상 따라 사는 익숙함에 할 말 할 줄 아는 기골 있는 어른들도 이제는 연로하셔서는 헛웃음만 껄껄 날리십니다.

또 모를 일이지요. 나는 농협에 출하한 쌀보다 더 비싸게 시중에 팔았다고, 내 쌀은 미질이 좋아서 잘 사간다고, 나락값이 없어도 농사만 잘 지으면 된다고, 농사도 내 하기 나름이라고, 그래서 살만한 세상이라고 누군가는 허세를 부릴지도… 그러나 농민들은 들을 때는 똑바로 듣겠지요.

농협에 출하한 쌀보다 더 싸게 팔 수밖에 없었다고, 내 쌀이나 당신 쌀이나 뭐가 다를 것이며, 나락값이 없는데 무슨 재주로 살 수 있냐고, 농사는 내 하기 나름이 아니라 하늘이 돕고 나라님이 나서야 한다고, 그래서 농민은 참말이지 못 살겠다고, 어쨌거나 농민들은 재줏꾼입니다. 달리 말하고 달리 듣는 재주가 있으니….

그 똑똑한 컴퓨터도 못하는 농사

    오는 3월에 컴퓨터와 이세돌 프로 9단 바둑 기사가 바둑대전을 연답니다. 상금이 무려 12억 원이 된다는데 사람들은 상금보다 컴퓨터의 능력에 더 관심이 많은 듯합니다. 이미 중국의 바둑 2단 판 후이 기사가 5전 전패를 기록하였기 때문에 어쩌면 인공지능의 능력이 일취월장하여 그 복잡한 바둑게임 정도는 손쉽게 이길 수도 있지 않을까 하는 호기심이 발동한 것이겠지요. 이 사실을 접하는 사람들의 반응은 호기심뿐만 아니라 도덕성 문제, 향후 바둑의 인기를 우려하는 이들도 있나 봅니다. 이미 20년 전에 체스(서양장기)게임에서 사람이 컴퓨터에 진 이후로 프로 체스 인기가 시들었다는 이야기가 있습니다. 그중에서도 공감이 가는 신문기사 하나를 읽게 되었습니다.

    컴퓨터는 사람이 쉽게 할 수 있는 일은 어려워하고, 어려워하는 일은 쉽게 할 수 있다는 것입니다. 가령 걸음을 걷는다거나 뛴다거나 하는 지극히 쉬운 일은 대단히 어려운 기술이고, 복잡한 수학 계산을 하는 등의 작업은 엄청난 속도와 양을 자랑 하는 바, 그리하여 컴퓨터 기술의 발달로 그동안 사무직 노동으로 분류되던 고급 일자리가 점점 줄어들 수밖에 없다는 것입니다. 아주 핵심적인 기능이나 경영 분야 등 몇몇을 빼고는 대부분 컴퓨터가 일을 처리하게 될 것이라고 하는데 실제가 그렇습니다. 고속도로 통행료도 컴퓨터가 인식하고, 버스 승차권 발권도 기계가 하고, 주민등록 등초본 발급도 기계가 다 하지 않습니까? 덕분에 통행료 징수하던 일자리도 줄어들고 매표소 창구 직원도 현저히 줄고 민원담당 공무원 수도 줄었습니다. 이제껏 줄어든 일자리는 비교적 단순한 노동에 불과하지만 앞으로는 점점 더 그렇게 될 것이라 예측하며 일자리의 양극화가 더욱 심해질 것이라고 합니다. 그러면서 덧붙이기를 컴퓨터가 어려워하는 육체노동을 멀리하자는 얘기가 아니라고, 오히려 컴퓨터도 못 하는 육체노동을 담당하는 사람들의 자존감을 높이기 위해 노동 대가와 처우를 제대로 한다면 무슨 문제가 되겠냐는 건강한 관점을 놓지 않았습니다.

옳지, 옳아! 이런 걱정 정도는 누군가가 해야 하는 중요한 말인데 그렇다면 농업은? 농업이야말로 컴퓨터가 접근하기 가장 어려운 분야가 아니던가요? 물론 기계화가 어쩌고 하지만 농사를 지어본 사람은, 기계가 하는 일은 농사의 아주 일부분이라는 것을 잘 알 것입니다. 게다가 새로 개발되는 농기계들은 점점 비싸지고 정교한 작업을 하는 기계일수록 가격이 터무니없이 높아 정부의 보조를 받는 일부 농민이나 접근할 뿐, 보통의 농민들은 그림의 떡이니까요. 더군다나 기계를 조작하는 사람의 능력이야말로 핵심기술이므로 농업이야말로 최후까지 살아남을 직업임에는 틀림없는 사실이 아닐까요? 남는 문제는 딱 하나입니다. 농업이야말로 컴퓨터도 못 해내는 일을 하는 가장 기본적인, 근원적인 직업으로서 이만큼 근사하고 훌륭한 직업은 없다고, 컴퓨터가 못 하는 일인 만큼 노동의 대가는 훨쩍 올라야 하고, 그 어려운 육체노동을 하느라 고달픈 몸이 쉬도록 주 5일제를 보장하고, 농민 전용 리조트 회원권을 분양하여 심신을 이완시키고, 농민 전용 대학병원 설립으로 농민들의 근골격질환을 치료하고, 농민 육성 교육기관을 국책기관으로 지정하고, 특히 농업에 종사하는 여성농민에게 생리휴가는 물론이고 모성보호 정책과 교육과 사회복지 혜택을 누릴 수 있도록 바우처 사업을 실시하고, 여성농민을 중요한 농업인력으로 인정하며 각종 혜택과 지원을 아끼지 않도록 해야 할 것입니다.

이 정도는 돼야 컴퓨터도 못 하는 일을 하는 농민들에 대한 사회적 가치가 인정되는 것 아니겠습니까? 농업을 둘러싼 환경을 보자면야 희망의 근거가 어디에도 없지만, 이렇게라도 않는다면 농업과 농민은 더욱 천덕꾸러기가 될 터이니 우리마저 그리 여기지나 않을까 하는 걱정에 상상으로나마 접근해 봅니다. 그나저나 이세돌 9단을 응원해야 하나? 말아야 하나?

농민들 자존감 높이기는 온 세상이

어장집 딸이셨던 시어머니께서는 제철 수산물을 좋아하십니다. 봄 도다리, 가을 전어, 겨울 가자미 등등 어떤 해물이 제철인지 소상히 아시고 맛도 귀신같이 구별해 내십니다. 그러다 보니 입맛 까다로우신 어머니의 입맛에 맞추려고 인근 5일장에서 찬거리를 자주 사게 됩니다. 물론 나도 5일장이 더 매력적으로 느껴집니다. 시장의 매력은 무엇보다 흥정입니다. 정해진 물건값을 스티커로 딱딱 붙여놓은 마트보다 훨씬 인간미가 느껴지니까요. 요즘에는 바지락이나 뽈락, 호래기가 제철입니다. 나는 아직 생선을 보는 눈은 없어서 어떤 게 좋은 것인지 모릅니다. 그 많은 수산물의 특징과 그것을 싸게 파는 장꾼을 기억해내는 마법같은 능력이 어디 하루아침에 체득되었겠습니까? 그러니 바쁘지 않은 날에는 시어머니랑 같이 장에 갑니다.

장에 갈 때면 정류장에서 버스를 기다리는 마을 분들을 같이 태워가기도 하고 어떤 때는 이웃마을 분들을 태울 때도 있습니다. 며느리가 운전하는 차로 장에 가실 때면 어머니께서는 유독 말씀이 많으십니다. 밥값을 내는 사람의 말이 밥자리에서 많은 것 처럼요. 아무 자랑거리도 없는 집에 공짜차로 말미암아 어머니의 기세가 한껏 높아지시니 시장에 같이 가는 날만큼은 효부임에 틀림이 없습니다. 고부간에 시장을 가는 우리 집 사정을 잘 모르는 분들이 타게 되면, 비교적 젊은이가 농촌에 사는 것을 의아해하며 누구냐고 묻습니다. 그럴 때면 이치가 밝으신 어머니께서 적절하지 않은 말씀으로 선수를 치십니다. "며느리인데, 이런 데 사람 아닐세."

어머니께서 무슨 말씀을 하시는지 그 의중을 알아차리지 못했습니다. 이런 데 사람과 다른 데 사람의 차이는 뭘까? 그 답은 한참 후에나 알았습니다. 말하자면 내 자식이지만 농사를 짓기는 해도 도시 물을 먹은, 좀 다른 면이 있는 사람이라는 것입니다. 어머니께서는 사람들이 농사짓는 젊은이를 귀하게 여기지 않는다는 것을 아시고서 선수를 친 것입니다. 못해도 공무원이나 선생쯤은 돼야 내세울 만한 것이고, 대처에서 사업하다가 돈냥이나 벌었다는 소문쯤은 달고 다녀야 자랑스러운 아들딸이 되는 것입니다. 그러니 농사를 짓더라도 멀리서 온 사람으로 포장해서 자랑 아닌 자랑을 하신 셈입니다.

뼈 빠지게 농사지어도 제값은커녕 생산비도 못 건지는 판국에 고생은 바가지로 하고, 계절 따라 날씨 따라 온갖 마음고생에다가 농산물 가격 형성이 어떨지 노심초사하는 판국에 농민들 가치야 두말할 나위가 없는 셈입니다. 자존감은 어떻게 높아지는가? 저 혼자 잘났다고 의기양양하면 되는가? 아니랍니다. 자존감은 주변 사람들의 칭찬과 지지로 스스로의 격이 높아지는 법이라 하네요.

농민의 자존감도 다르지 않을 법합니다. 농업소득 보장, 농민복지 향상, 농작업 환경 개선은 물론이고 식량 생산과 환경보전, 문화전승자로서의 농민들에게 감사하고 또 감사하는 사회 분위기라면 말이지요. 그러면 시어머니께서 농사짓는 자식들이 못내 자랑스러워 5일장 가는 길의 이웃에게도 더욱 의기양양하시겠지요? 어디가 못나 농사짓는 천덕꾸러기가 아니므로 지레 선수치며 이런 데 사람 아니라고 에두를 일 없이 딱 잘라 "우리 애는 농사짓네"라고 말씀하시고, "하이고, 자식 농사를 참 잘 지었네"라고 답하는 세상 말입니다.

농사일만 해도 모자라는 시간

　한창 바쁜 모내기철 지난 들에 산뀡소리가 울립니다. 이즈음엔 수확한 마늘 다듬어서 출하하느라 창고 안에서 바쁜 철입니다. 바쁜 철 끝나면 좀 한가해지나 싶어서 해야 할 일들 미뤄 왔는데 막상은 바쁜 일 끝나도 일 천지입니다. 하지를 즈음한 요즈음 낮 길이는 최대한 길어져 새벽 5시도 못 되어 밝아오고, 저녁 늦게서야 땅거미가 내려앉습니다. 그 사이 농민들은 뭘 해도 일을 하지, 쉬거나 놀지 않습니다. 아직 한낮 더위로 오수를 즐길 정도는 아니니 그야말로 해 길이 만큼 일을 하는 셈입니다.

　좁은 농지의 구석구석을 알뜰히 채워 일하다 보니 그렇게 하지 않으면 안 된다고 어른들이 가르쳐 왔고 또 어느새 일이 몸에 익어 농민이면 해와 함께 일을 하게 됩니다. 소득 3만불 시대, 너도나도 여가를 즐기겠다고 오토캠핑이다 백패킹이다 별스런 이름을 다 갖다붙여 여유를 즐기는 사람들 지천입니다. 휴일이면 도로가 막힐 지경인데 그것이 별나라 얘기쯤 되는 듯 농민들의 일상과는 거리가 멉니다.

　노는 것은 차치하고서라도 농사일로 틀어진 몸을 돌보는 가벼운 운동을 정기적으로 할 여유조차 갖지 못합니다. 마을회관에 요가교실을 열어도 마음대로 나가지 못합니다. 2010년 우리나라의 평균 노동시간이 2,193시간이랍니다. 하루로 계산하면 주말 빼고 8시간 좀 넘게 일하는 것입니다. 이 시간으로는 일하고 나서 쉬는 정도 외에 별다르게 새로운 무엇을 배우거나 여가를 활용하기는 어려운 시간이랍니다. 그러니 사람들이 새로운 변화를 꿈꾸거나 시도하지 못하고 그냥 주어진 조건에 맞춰 살아갈 수밖에 없다네요. 그러고 보니 언뜻 이해가 가기도 합니다. 먹고 살기 어려울수록 바깥세상에 눈 돌리기 어려운 현실을 종종 목격하게 됩니다.

농민 입장에서는 언감생심 꿈도 못 꿀 시간입니다. 더군다나 여성농민의 입장에서 말할 나위가 없지요. 여기에다 언제나 가사노동 2~3시간이 더해집니다. 시간만 보면 세계 최장장장 시간 동안 일하는 것입니다. 그러고도 스스로를 게으르다고 표현하는 것이 허다합니다. 딱 일만하고 사는 데 말입니다. 그러니 세상을 둘러볼 여유도 다른 사람과 자신의 삶을 여유롭게 살펴볼 사색도 어렵습니다. 세상을 다르게 보고 각자의 삶을 존중할 만큼의 여유가 안 생기는 것입니다. 농사시간이 긴 까닭은 농사일이 늘어나는 것이고 더 근본적인 원인은 농산물 가격 하락입니다. 생산비도 못 건지는 농사가 허다하므로 농사량을 늘리고 거기에 몸이 매이는 악순환이 반복됩니다.

해질녘 마을사람들에게 색소폰 연주를 선사하는 어르신, 밴드를 결성해 베이스 치고 드럼 치며 여가를 보내는 여성농민들, 칠십평생을 글로 써서 자신의 회고록을 책으로 내는 할머니는 현실에서 있을 수 없는, 상상 속만의 일일까요?

연휴에는 농촌 일손 나누기

　이곳은 마늘 농사를 시작하는 이즈음이 연중 가장 바쁘고 고된 철입니다. 마늘 농사는 품이 많이 들고 기계화가 덜 된 작목이다 보니 농사가 힘에 부쳐서 다른 집들은 농사 규모를 줄이고 있습니다. 그런데도 우리 집은 되레 양을 늘려가는 상황이니 그 부담이 더할 수밖에요. 마늘 농사의 시작은 씨마늘 준비입니다. 여름내 잘 보관해둔 마늘을 일일이 쪽을 분리하는 것인데 이 작업도 만만찮게 손을 잡습니다. 게다가 이 일은 시어머니께서 도맡다시피 하시므로 초가을날, 매우 바쁘십니다.

　그런 사정을 잘 아시는 어머니의 마을 동무분들께서 어머니를 도와주시러 우리 집에 오셨습니다. 갑자기 오신 분들의 점심 식사를 준비하느라 한참은 바빴습니다. 반찬 가지 수를 늘려보려고 지난 봄에 담은 장아찌까지 꺼내서 미안함을 때우는데, 마을 분들께서 벗어놓은 신발을 보고는 웃음보가 터지고 말았습니다. 분명 다섯 분인데 신발이 딱 두 종류뿐이었습니다. 이것은 뭐지? 국론이 분열되다 보니 신발공장 사장이 신발 모양이나마 통일단결 시키려고 두 가지 신발만 만든 것인가? 아예 한 가지는 어떨꼬?

　글쎄요, 결코 그 문제는 아닐 것이고 여기에는 묘한 함수가 있는 듯합니다. 비단 신발뿐만 아닙니다. 옷을 사도 동무들끼리 비슷한 모양과 색깔을 고르는 것을 여러 번 봤습니다. 젊은이들이 개성을 추구하는 편인 반면, 오히려 연배가 있는 분들은 통일성을 중요히 여기는 것 같습니다. 오랜 공동체 생활 과정에 미감도 비슷하게 발달하고, 생활적 요구도 비슷해지나 봅니다. 새로운 자극 없이 듣고 보는 것이 주변 분들이다 보니 농사도 생활도 주변 사람들과 비슷해지는 것이겠지요. 우리 부부가 여기저기서 짬뽕으로 배운 농사기술을 시험하고자 다른 집들과는 때에 안 맞게 친환경적으로 약제 살포를 할라치면 지나가는 마을 분들께서 무슨 약을 치는지 꼭 물어보시곤 하는 것도 그 마음의 발로이겠지요. 모든 생활상의 요구를 어깨너머로 배우고 익히는 일이 다반사이다 보니 종내에는 미적 감각도 엇비슷해지는 것인가 봅니다.

　슬리퍼도 똑같은 것을 사는데 삶의 양태야 오죽하겠습니까? 철에 맞춰 봄에는 꽃을 보며 농사를 짓고 여름에는 더위를 피해 아침저녁으로 일하다가 한낮에는 그늘에서 두러두런 이야기꽃을 피우며 그렇게 엇비슷하게 사는데, 올가을 추석 연휴가 무려 열흘이라지요? 이 무슨 하늘을 돌아 떨어지는 별같은 이야기일까요? 수확과 파종의 농사 절정기에 연휴가 열흘이면 누군가는 그 열흘을 쉰다는 말인데, 사실 뭐 온전히 쉬는 사람들이 얼마나 되겠습니까만 농민들에게는 꿈같은 얘기입니다. 물론 긴 연휴도 내수 진작을 위한 것이라고 하니 행정가들의 고민이 많겠다만 농민들은 또 좀 다른 생각도 있습니다.

　사회 양극화 문제나 산업 간의 불균등이야 하루아침에 해결할 수 없으니 선언적으로 풀 수는 없겠지요. 또 각자가 다 다른 삶을 살고, 삶의 자세나 만족도가 다 다른데 획일적인 휴식법이 있을 수는 없겠지요. 그렇지만 더불어 사는 세상인 만큼 사회적으로 서로의 처지를 더 살펴보고 고민했으면 좋겠습니다. 특히 농민들은 억하심정이 크지요. 수십년 간 다른 산업의 밑거름이 돼 왔는데도 천덕꾸러기 신세가 되어서는, 먹거리 안전문제는 거론돼도 농민의 삶은 묵살이 되고 있으니 농번기의 10일 연휴가 남의 일 같기만 합니다. 그러니 대통령이나 농림부장관이 이렇게 말하는 것은 어떨까요? '국민 여러분, 열흘간의 추석 연휴를 충분히 즐기십시오. 그렇지만 농번기이니만큼 그중 일부의 시간을 내어 농촌현장으로 가서 일손 나누기를 합시다. 저부터 남해군으로 마늘 심으러 가겠습니다. 더불어 사는 세상에 노동을 나누는 것만큼 값진 일이 어디 있겠습니까?'라고 말입니다.

최고의 나눔은 참여랍니다

마을 이장인 남편에게는 중요하지는 않아도 몇 가지 권한이 주어집니다. 그 하나가 명절을 앞둔 때, 쌀이나 양말 등 이웃나눔 대상자 몇 분을 추천하는 것입니다. 민주적으로 마을 회의에서 의논하면 좋겠지만 세세한 모든 것을 다 논의하자면 복잡하니까 이 정도는 이장의 판단으로 추진됩니다.

아무리 남의 집 사정을 잘 아는 촌 생활이라 할지라도 미세한 변화까지는 읽어내지 못하므로 남편은 식탁에서 누구를 추천할지를 묻습니다. 이럴 때는 마을회관에서 마을 분들과 말씀을 많이 나누시어 마을 분들의 사정을 속속들이 잘 아는 시어머니의 의견이 가장 많이 반영되는 편입니다. 게다가 젊은이들은 제 일에 바빠 다른 사람들에게 관심이 많이 없으니 사정을 모르기도 합니다. 대개 갑자기 농기계 사고가 나신 분이랄지, 또는 오랫동안 몸져 누워계신 분들을 추천합니다.

일전에 신문을 보다가 중요한 사실을 하나 알게 되었습니다. 사회복지에서 소외된 계층들에게 물질적 지원을 하는 것만큼 사회참여를 보장하는 것도 절박한 문제라고 말하는 것이었습니다. 하루하루의 생활이 곤란한 분들께 물질적 지원이 우선이지 사회참여가 웬 말이냐는 생각이 스쳤는데 거듭 생각해보니 생각보다 깊은 뜻이 담겨 있는 것을 알게 되었습니다. 생활의 곤란함은 일시적인 문제가 아니라 인생의 한참 시기를 지속하는 것이므로 세상에서의 위축감이나 소외감이 더 크다는 것이고 새롭게 무엇에 도전해 볼 용기나 힘이 생기지 않는다는 것입니다. 그런 까닭에 불우한 이웃을 돕는 최선의 방법이 사회참여 지원이라 하니, 옳소!

생각이 꼬리를 뭅니다. 어디 불우한 이웃에 관한 이야기이기만 하겠습니까? 농사짓는 우리들 자신에게도 해당하는 것이겠지요. 불우한 이웃은 아니어도 직업으로서 농업은 그리 인기 있는 업종이 아닙니다. 인기가 뭡니까? 올바른 먹거리와 참삶을 위한 몇몇 식자분들의 귀농이 아닌, 오랫동안 농사를 지어온 여성농민들에게 농업은 업보와 같이 느껴지기 예사입니다. 키우는 재미로야 농사만 한 것이 없다지만 그 주변 사정으로 말미암아 농업은 천덕꾸러기에 다름아닙니다. 힘겨운 농사일과 널뛰는 농산물 값, 내일을 알 수 없는 기후변화 등 혹독한 시련의 연속입니다. 무엇보다 농사일의 주인으로 자리하지 못하는데 어려움이 제일 큽니다. 농사의 주인이 어때야 하는지도 모르는 채, 시절이 하자는 대로 세상살이 따라갈 수밖에 없습니다. 하고 싶은 농사 대신 돈 되는 것으로, 농법도 내가 아는 방식이 아니라 돈이 되는 방식으로, 게다가 값은 말할 수도 없으니 농사일의 머슴이 되어버린 지 오래입니다.

기자, 교사, 공무원만큼 농민은 전문적이고도 중요합니다. 농민들에 대한 예우가 소득보장으로 이어져야 함은 물론이거니와 기술함양을 위한 교육, 복지 등 다양한 지원이 제대로 이뤄져야겠지요. 여기에 지역사회 참여의 길을 열어놓으며 그들의 가치를 추켜세운다면 분명 달라질 것입니다.

불우이웃은 아니지만 직업으로서 농업은 불우하게 느껴지고 종사자들의 자존감은 바닥으로 향하고 있습니다. 특히 여성농민들에게는 더 절박한 문제겠지요. 면체육회 운영위원에, 지역농협 영농회 이사진에 여성농민은 별로 없습니다. 대신 궂은 일이 있는 곳에서 제 몫을 다할 따름이지요. 일을 제일 잘하므로 마을 개발위원에, 경험이 많으므로 체육회 고문 등의 이름으로 참여하게 합시다. 사회참여, 별 것도 아니고 어렵지도 않지요.

고래 싸움에
새우 등 터지는지도 모르고

　마늘값이 한참 폭락하던 지난 여름, 거창지역의 여성농민들 앞에 섰던 적이 있습니다. 농민수당 이야기를 하다가 인생이 운빨 아니냐고 했습니다. 가령 내 선택은 내 남편뿐인데 하필 노동강도는 최고로 세고 부가가치는 참으로 낮은 마늘 농사 주작지라는 것이지요. 농민답게 자신의 농사 작목이나 방법, 출하 등에서 주인다운 선택을 해야지만 그 지역 조건에 따라 농사지을 수밖에 없으니 이야말로 운빨 아니겠냐고 너스레를 떨었습니다. 물론 다른 선택을 하면 되지 않냐고 하지만, 어떤 작목이 주작지가 되는데는 그만한 이유가 또 있는 것 아니겠습니까. 바닷바람이 거세니 비닐이 날릴까 봐 원예 농사를 짓기도 쉽지 않고, 소비시장이 멀리 있으니 근교농업도 적절하지 않으며, 농지가 좁으니 나락 농사도 기대만큼의 소득을 주지는 못합니다. 그러니 따뜻한 기온이 가장 천혜의 농업 조건이 되는 것이고, 거기에 걸맞게 이모작 농사가 각광을 받게 된 것이지요. 그러니 밤낮 기온 차가 많이 나서 명품사과를 생산하는 당신들은 남해 농민들보다는 훨씬 운빨있는 것 같다고 했고, 저마다 말 같잖은 말에도 일리가 있어 보인다며 맞장구를 쳤습니다.

　그러니 그 모든 것을 운빨에 맡겨놓을 것이 아니라 지역 간이나 산업 간에 운빨의 격차를 조금 줄여내자, 그것이 농민수당이 되지 않겠냐고, 그래야만 조금은 평등하고 합리적인 세상에서 농민들이 살맛이 나지 않겠냐고 열변을 토했던 기억이 납니다.

그런데 그 운빨좋은 거창의 사과농민들이 태풍의 힘에 여지없이 당하고 말았습니다. 이 거대한 바람은 방향도 세기도 시기도 모릅니다. 그러니 태풍이야말로 운빨의 정점에 서 있는 것이 아닙니까? 운빨에 기대어 조용히 지나가기만을 바라는 수밖에요. 이번 태풍에 유독 수확기를 앞둔 과수농가가 피해를 많이 입었나 봅니다. 여물대로 여문 과일들이 그 여린 꼭지 하나로 버티기엔 너무 센 바람이었겠지요. 어떤 농장은 사과나무가 전부 쓰러진 곳도 있다 하니 사과농가에 대한 마늘 농사꾼의 부러움도 일장춘몽에 불과했습니다.

안 그래도 사과 농사가 타 작목보다 소득이 조금 더 높은 탓에, 저 강원도까지 과잉으로 심어져 사과값이 폭락할 것이라고 예견되었다 하지요? 그래서 바람을 안 맞은 경북내륙의 사과농민들은 안도의 한숨이라도 쉬고 있을까요?

좁은 지역에서만 비교할라치면 이도 저도 운빨이겠지만 넓게 보면 사람들의 정치빨에 좌우되는 것이 실제의 모습입니다. 마늘 농사가 좀 힘들기는 해도 수입량만 아니라면 그럭저럭 노동댓가는 맛볼 것인데 그러면 거창 농민들을 부러워할 것도 없는데 말입니다. 사과나무가 그리 많이 심어진 것도 다른 농사가 돈이 안 되는 까닭일 테고, 잘 모르긴 해도 밀식재배 추세에 천근성인 사과나무 뿌리가 약해져 바람에 쓰러졌을 테지요. 무엇보다 한 철에 몇 개씩이나 올라오는 강력한 태풍도 지구온난화의 영향이라는데 앞서 산업화 된 국가들이 탄소배출량 절감에 합의를 못 하고 있으니 그 모든 것을 순전히 우연한 운빨만으로 설명할 것은 아무 것도 없는 듯합니다.

특정할 것도 없이 작목마다 가격폭락을 거듭하고 있고, 기후변화의 폭이 커져 농작물 피해도 덩달아 커졌고, 심지어 무시무시한 가축 전염병까지 창궐하였으니 농민들의 상황이 전에 없는 위기감이 돕니다. 아니 될 대로 되란 듯이 무감각해지고 있습니다. 여기에 소값까지 떨어지면? 모를 일입니다. 그런데도 정치권은 연일 내년 총선에 목을 매고서 정쟁만 앞세우고 있습니다. 농업 상황을 놓고 정치인이 집단적으로 삭발하는 모습은 정녕 볼 수 없습니까? 반농업적 인사의 집에 들이닥쳐 압수 수색하는 꼴을 보여줄 수는 없나요? 제대로 된 농업정책을 놓고 여야가 죽기 살기로 밤새 싸움하듯 토론하는, 그래서 농민들은 밤샘뉴스 시청으로 눈알이 발개지는 광경을 맞이해서는 안 되는 것입니까? 이 가을 농민들의 삶이 이렇게도 처절한데 말입니다.

4장

농약 칠 때 안 싸우면 부부 아니다?

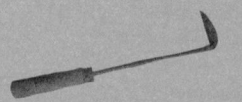

농약 칠 때 안 싸우면 부부 아니다?

봄비가 잦습니다. 한 번 시작하면 사흘 이상 연속으로 비가 내리다 보니 봄철 영농준비도 차질이 생기고 월동농사에도 어려움이 있습니다. 마늘, 양파에 무름병이 생겨 군데군데 물러빠집니다. 가을에 심어 늦봄에 수확하는 장장 8개월간의 이 농사는 농민들의 손이 참 많이 갑니다. 이제 그 마지막 수확을 앞두고 여기저기서 병이 생기다 보니 애간장이 녹습니다. 비가 그만 내리고 바람이 불어서 통풍을 좋게 하는 것이 가장 좋은 치유책이지만, 하늘이 하는 일을 사람이 어찌할 수는 없습니다. 하다 보니 대신 농약을 칩니다. 무름병에 좋다는 약의 종류를 반복적으로 돌려가며 칠 수밖에요.

농약 칠 때 안 싸우면 부부가 아니라는 말이 있습니다. 다시 말하면 농약 칠 때마다 부부싸움을 한다는 것입니다. 왜? 일단은 농약이 몸에 해롭습니다. 그리고 농약 희석 배율이 맞지 않거나 과다사용하면 농작물이 약해를 입습니다. 또 일정량의 농약을 일정량의 농작물에 살포하는데 약이 남아도 문제지만 모자라게 되면 더욱 낭패입니다. 게다가 차라리 지금처럼 덜 더울 때는 좀 낫습니다만, 더운 여름철에 방제복을 입고 마스크를 쓴 채 농약 살포를 할라치면 그 고생이 말이 아닙니다. 이러다 보니 과민해지고 사소한 자극에도 날카로운 감정이 싹틉니다.

농약을 살포할 때 약대를 잡은 사람이야 주도적으로 거기에 집중되지만, 줄을 잡는 사람의 입장으로는 농작물을 보거나 다른 데 한눈팔기 십상입니다. 아니 집중을 해도 상대방의 요구를 파악하기 어렵고 몸짓으로 보내는 사인을 읽기가 어렵습니다. 그런데 이때 줄이 엉키거나 약 기계에 이상이 생기거나 분량조절에 실수가 있으면 들판에서 고함소리가 울려 퍼집니다. 이때만큼은 아무리 점잖은 사람이라도 체면을 안 차리고 남의 시선에 아랑곳하지 않고 고함을 지릅니다. 큰 소리로 말해도 상대는 멀리에 있고, 가까운 기계 소리는 크게 들리니 알아들을 수도 없습니다. 농약 치는 데에 집중 안 하고 뭐 하느냐? 왜 줄을 제대로 못 잡느냐? 약이 얼마만큼 남았느냐? 라고 하는데 거의 일방적으로 집중포화를 당합니다. 누가? 주로 아내 쪽일 것입니다. 이때만큼은 주종, 갑을관계가 확실합니다.

나도 나름은 열심히 하는데 일방적으로 핀잔을 듣게 되니 엉뚱한 생각이 스물스물 피어오릅니다. 내가 뭘 잘못했지? 그렇게 욕먹을 만큼 크게 잘못했나? 이러는데 같이 일을 해? 말어? 오늘까지만 일하고 담부터 혼자 농약을 치라 할까? 일을 잘 못 한다고 화를 낼라치면 나는 화낼 일이 더 많아도 이렇게 참고 사는데 왜 이렇게 화를 내는 거지? 생각이 여기까지 미치면 문제가 커집니다. 뚱한 표정을 짓고 씩씩거리기까지 하지만, 그것도 남편의 감정이 풀리고 나서야 가능한 대응이지 반사적으로 대응할 수는 없습니다. 그랬다가는 들 가운데서 싸움이 날 판이니까요.

화는 약자에게 내는 감정입니다. 힘이 세거나 높은 사람에게 화를 내지는 않습니다. 에둘러서 표현하기도 하고 참았다가 다른 식으로 나타내기도 합니다. 하지만 아내에게만큼은 즉자적으로 감정을 표합니다. 문제는 여기에 있습니다. 아내에게는, 또는 남편에게는 화를 내도 된다는 것을 알기 때문에 그러는 것입니다. 그러는 사이 습관이 생겨서 매번 그렇게 됩니다. 어렵고 힘든 일을 하기 때문에 화를 내는 것이 아니라 화를 내도 된다는 생각이 깔려있기 때문에 표현되는 것이지요. 게다가 마음의 준비가 있을 때는 상황을 감당할 수 있지만 마음의 준비가 없을 때 당하면 마음의 상처가 깊어집니다.

아직도 농약을 치다가 싸우냐굽쇼? 오랜 갈등과 토론 속에서 해답을 찾아가고 있습니다. 최대한 상대방에 집중하는 것, 화내는 습관을 줄이는 것으로 타협안을 찾아가고 있는데, 또 모를 일입니다. 농사는 엉망이고 시간은 쫓기고 일은 많고 강아지가 풀려서 닭을 쫓는데 소나기까지 내리고 경운기 냉각수가 떨어져서 기계가 멈춰서 화가 머리 끝까지 치미는 순간에도 상대방의 작은 실수를 받아들이는 여유가 있을지 없을지, 장담하기에는 이르네요.

복숭아도 눈치껏 먹어야지…

　일전에 친정 오라버니가 다녀가면서 탐스러운 복숭아를 사다 놓고 갔습니다. 농사 짓는 여동생이 늘 안타까운가 봅니다. 내리사랑이라지만 종신토록 받는 언니오빠들의 사랑에 몸둘 바를 모를 때가 많습니다. 그럴 때마다 이웃 사랑과 세상 사랑으로 보답하겠노라고 마음속으로만 되뇌곤 합니다. 우리집은 부농이 아닌 탓에 복숭아를 상자 단위로 사 놓고 먹을 만큼 여유가 넘치는 것도 아니지만 무엇보다 시어머니 눈치가 보입니다. 찬거리로 큼직한 갈치를 산다던가 싱싱한 뽈래기를 살라치면, 물건이 좋다고 칭찬을 해 주시지만 주전부리로 통닭이나 과일을 겁 없이 사노라면 입이 하자는 대로 하고 살다가는 살림을 망친다며 아낄 것을 강조하시는 것이지요.

　왜 아니겠습니까? 자갈논밭을 일구어 자식들 키우시면서 아끼고 아껴 살림을 꾸려오셨으니 과외의 소비는 사치였던 것이지요. 그 마음 충분히 헤아리고도 남습니다. 게다가 각자가 딴 주머니 차면서 돈을 쓰는 것보다 서로의 지출을 공유하게 되면 낭비가 준다 하니 어머니의 간섭은 곧 생활의 지혜가 되기도 합니다.

　각설하고, 해서 식사 후 온 가족이 둘러앉은 때에 탐스러운 복숭아를 최대한 이쁘게 깎아서 접시에 담았습니다. 남편이 포크에 찍더니 제 입으로 가져갑니다. 깜짝 놀라 눈치를 하며 어머니부터 드려야 한다고 했더니 겸연쩍은 듯이 어머니께로 건넵니다. 마침 일일 드라마에 심취하신 어머니께서 눈치를 채지 못하셨습니다만, 제 마음은 이미 상했습니다. 열심히 과일을 깎고 있는 저에게 권하는 것도 아니고, 가장 연장자인 어머니께도 아닌, 무턱대고 본인의 입에 먼저 들어가도록 뇌에 입력된 저 생각의 근원은 도

대체 어디에서 연유할까 싶은 것이지요.

사실 따지고 보면 원인은 집안의 분위기입니다. 남편은 노할아버지 무릎에서 똥을 싸도 미움을 받지 않고 온 가족들의 관심 속에서 자란 장손입니다. 가뜩이나 예민하지도 않은 성격에 주위의 기색을 살피는 감정노동은 당초에 안중에도 없었을 것입니다. 참을 수 없는 존재의 무거움으로 남자다움이 최고의 미덕인 집안 분위기에서 과일 조각을 다른 사람 입에 넣어주는 것은 본 적도 배운 적도 없었을 터, 효와 불효의 개념도 뭣도 아닌, 그저 순하게 큰 남성일 따름입니다. 그런 그가 까닭도 모르게 아내에게서 눈치를 받게 되는, 오히려 뒤바뀐 현실에 적잖이 당황스러운 결혼생활이겠지요. 문제를 제기하는 저보다 훨씬.

언젠가 인간관계훈련(사실 이런 게 필요하지도 않은 집단인데 말예요) 한다고 여성농민들이 자신의 삶을 털어놓는 시간이 있었습니다. 그중 한 분이 하시는 말씀의 첫 마디가, "제 남편은 장남입니다. 집안에서 얼마나 귀하게 자랐던지 아무 것도 할 줄 모르는 남편과 살자 하니 내 사는 게 사는 것이 아녔습니다" 입니다. 문제는 그분의 말씀에 거기에 있던 모든 여성농민분들이 끄덕이며 "그렇지, 얼마나 힘들었을꼬!" 하시며 장단을 맞추었습니다. 어디 장남만 그렇겠습니까? 귀하게 대접받고 자란 대부분의 남성들(그래서 더 남성에게 과도하게 짐지워지는 그 무거움을 모르는 바는 아니지만요)이 크게 다르지 않을 것입니다.

많은 여성농민들이 힘든 농사일을 해내면서 일이 힘들어서라기보다는, 세상의 차별과 집안 내에서의 차별에 더 속상해 합니다. 남편이 특별히 인격적으로 더 큰 문제가 있어서라기보단 여러 이웃들을 보면서 같이 느꼈던 문제인 바, 굳이 남편의 허물을 담아 봅니다. 오늘은 아내를, 또는 가족을 먼저 챙겨보심이 어떨까요? 그러면서 넌지시 내가 어떻게 할 때가 제일 서운하더냐고 한 번 지그시 물어보는 것도….

# 감정노동도 나눕시다

경사진 묵정밭을 일궈서 고사리 뿌리를 심어놓은 지 올해 4년째입니다. 한 2백 평쯤 되는데 경운기길 빼고 뒷도랑 만들고 나니 실제는 150평쯤 될듯말듯 합니다. 처음 심어놓고서는 1년에 4번씩이나 김을 매느라 무척 힘들었는데 지금은 사이사이에 잡초도 그냥 못 본 체 놓아둡니다. 그도 그럴 것이 처음 심을 때만 해도 고사리 농사가 제법 쏠쏠했는데 몇 년 사이 생산량이 확 늘어나서 가격이 폭락하고 말았으니 구태여 세세하게 손보기가 싫은 까닭도 있습니다. 누가 그랬던가요? 농협이나 정부에서 심으라는 것을 안 심는게 돈 버는 것이라고. 아니나 다를까 고소득작목이라며 권장되던 블루베리, 아사이베리, 아로니아가 판로가 없어 다시금 갈아엎고 있다니 애탈 일입니다. 우리집은 그런 특작 농사를 지을 여유도 없고 의지도 없으니 고사리 농사를 조금 늘이는 것으로 시류에 편승했던 것입니다.

사실 고사리는 어머니의 농사입니다. 굽은 허리로 4~6월 석 달간은 사흘에 한 번씩 꼬박꼬박 새벽이슬을 맞으며 고사리를 꺾으십니다. 그럴 때마다 매번 감사하고 미안하고 혹여나 넘어져서 다칠까봐 걱정도 되지만, 마늘 농사가 많은 우리 부부는 고사리에 신경을 쓸 여력이 없습니다. 농사로 큰돈 벌기가 어려운 대목도 바로 이것입니다. 이것저것 심으면 돈이 되겠지만 짧은 농사철에 여러 일이 겹치니 한꺼번에 많은 일을 못 해냅니다. 그래서 욕심을 내도 큰돈을 못 하는 것입니다. 그러니 어머니께서는 일을 잘 하시다가도 혼자 하는 일에 가끔 부아가 나시나 봅니다. 몸에 맞을 정도의 일에는 기분이 좋으신데 일이 좀 고되면 엉뚱한 것으로 감정을 표현하십니다. 특히 며느리가 농사일 않고 어디라도 다녀올 양이면 연에 마음이 상하시나 봅니다.

엊그제 아침에도 어머니께서 고사리 꺾기가 좀 힘이 드셨나 봅니다. 저를 보시더니 그물이 없다며 역정이셨습니다. 창고에 있다고 말씀드리자 그게 왜 거기 있냐고 하시며 마뜩찮아 하셨습니다. 사실은 그물이 창고에 있지 안방에 있는 것도 아닌데 말입니다. 다시 말하면 어머니께서 지치셨다는 신호를 주시는 것입니다. 이럴 때는 다른 것 없습니다. 호들갑스럽게 목소리를 '솔' 톤으로 높이고 "하이고, 울 오마니 고사리 꺾는다고 힘드셨는가베예? 문디겉은 고사리가 와그리 많이 핏노? 조금만 피지, 울 오마니 허리가 뿔라지삐겠네." 그때사 어머니 표정이 밝아지십니다. 당신의 힘듦을 누군가 알아주는 것으로 마음이 조금 펴지시는 것이겠지요.

매번 이럴 수는 없습니다. 이런 나의 반응은 나름 나의 컨디션이 좋거나 돌아다니느라 일을 하지 않아서 어머니에게 마음의 빚이 조금 졌을 때나 가능하지, 몸과 마음이 다 지치고 호주머니도 말라서 우울할 때 어머니의 반응이 대책 없을 때는 딴 생각이 들 때도 있습니다. 저도 힘들어요, 라는 말이 목구멍까지 올라 오지만 그냥 삼키고 맙니다.

몸으로 하는 일은 육체노동, 머리로 생각하는 일은 정신노동, 이것 말고 또 하나의 노동이 있으니 이른바 감정노동이랍니다. 어랏! 감정노동? 감정도 일인가? 하겠지만 그렇답니다. 그중에서도 아주 힘이 많이 들어가는 일이라 합니다. 희로애락의 감정을 표현하는 것쯤이야 무슨 노동이겠냐만, 힘든 데도 즐거운 척, 화가 나는 데도 온화한 척, 슬픈 데도 아니 그런 척, 척척척…, 매우 힘든 일이지요. 살다보면 나도 힘든데 다른 사람을 위로해야 하고, 나도 두려운데 힘이 넘치는 것처럼 해야 하고 그만두고 싶은데 차마 중단할 수 없어서 앞으로 나서야 하는 경우가 허다합니다.

물론 어른으로 산다는 것, 또는 속이 깊은 사람이면 느낌 그대로 감정을 표현하는게 아니라 감정을 거르고 조절하여 참으며 사는 일이 많을 것입니다. 그런데 그 감정노동이 가족 사이나 사회관계에서 특정 누군가가 계속 담당해야 한다면? 억울하고 부당하겠지요. 그런데 현실은 그렇습니다. 가족 내에서도 계속 위로를 하고 격려를 하고 분위기를 높여주는 감정노동을 더 많이 하는 쪽이 있습니다. 직업군에서도 대형마트의 계산대 직원들이 그렇다 하고, 핸드폰 고치는 서비스센터 직원이 그렇다 합니다.

만약 아침에 어머님께서 남편에게 그물이 창고에 있다고 역정을 내셨다면? 틀림없이 투닥거렸을 것입니다. 그물이 거기 있는 게 뭐 어때서 화를 내시냐며 대거리를 했을 상황이 눈에 선합니다. 이쯤 되면 그림이 딱 나옵니다. 감정노동을 많이 하는 쪽은 힘의 관계가 약자일 경우라는 것. 그러니 감정노동도 어느 한쪽 일방이 아니라 상호 간이면 좋겠다는 생각을 해 봅니다.

 # 들판 내 성희롱

잦은 가을비와 가을비 사이로 분주하게 움직인 덕에 월동작물 파종도 얼추 끝나 갑니다. 수확기의 잦은 비가 밉지만 그래도 작년과 같은 폭우는 아니어서 그것만으로도 감사하다고 생각을 예쁘게 해 봅니다. 날씨와 농사는 한몸처럼 움직이므로 마음에 들고 안 들고를 탓할 수 없이 있는 그대로 받아들이며 공존할 수밖에 없다는 것을 시간이 지날수록 더 깊이 깨닫습니다.

마늘 파종이 한창이던 때, 일 해주러 오신 분이 하도 열심히 일하고 저녁 늦도록 고생을 하길래 고맙고 미안해서 상냥한 표정으로 무엇을 해드리면 좋겠냐고 물었습니다. 그런데 천만뜻밖의 대답이 돌아왔습니다. 술을 좋아하는데 술 중에는 입술이 최고라고 천연덕스럽게 농을 합니다. 순간 얼음이 되고 말았습니다. 그런데 더 한심한 것은 나의 모욕감과는 상관없이 함께 있던 남성들도 그 분위를 죽 이어갑니다. 이걸 어째야 하나? 이 무슨 말 같지 않은 말인가? 뭘 해보자는 수작도 아닐 테고, 나를 우습게 아나? 기분 좋자고 하는 말인데 그냥 넘어갈까? 아니면 정확히 직면시킬까? 짧은 순간 고민이 많았습니다.

특별히 나에게 관심이 있어서도 아닐 것입니다. 만약 관심이라면 내가 좋아할 말을 했겠지요. 농사짓느라 고생이 많다, 힘들지 않느냐며 진정 어린 말을 건넸겠지요. 그런데 그런 호감어린 말은 쏘옥 빼고 자기의 기분과 자신의 취향에 젖어서는 상대가 그런 말을 듣고서 모욕감을 느끼는지, 기분이 어떨지는 안중에도 없이 성적인 농담을 하는 것입니다. 이른바 들판 성희롱입니다. 직장내 성희롱은 뉴스거리나 되지만 농촌의 성희롱은 일상과 섞여서는 기준도 없이 친밀감, 또는 호감으로 둔갑되기 일쑤입니다. 듣는 사람은 전혀 친밀하게 느끼지도 않을뿐더러 모욕감이 터져 나오는데 상대는 화색이 넘칩니다.

농촌 지역의 성희롱은 너무도 일상이 되어 있어서 문제시하기조차 어렵습니다. 술자리에서는 예사로 술 따르기를 강요하며 '술은 여자가 따라야 제맛이다'라던지, 악수를 하면서도 손가락으로 손바닥을 긁기도 하고 예사로 어깨에 손을 걸치는 등 사례가 차고 넘칩니다. 그러다가 불미스런 문제가 생기면 여성의 행실을 문제 삼고 문제를 일으킨 남성 장본인에게는 관대하기 이를 데 없습니다.

성문제의 출발은 불평등입니다. 뉴스를 봐도 알겠지만 성과 관련된 문제들이 남녀의 불평등이 심한 사회일수록 자주 생겨납니다. 인도에서 추악한 성폭행이 일어나는 것도 크게 다르지않는 이유라 하지요. 도시에서는 이런 문제가 사회적 관심거리가 되고 심지어는 처벌을 받기도 합니다. 하지만 농촌지역은 빈번하게 성희롱이 일어납니다.

어떤 어려움이나 모욕감도 참아내는 것이 슬기롭고 지혜로운 여성상이라는 강제된 여성의 역할에서 솔직한 자기감정이나 생각을 드러내기는 쉽지 않습니다. 힘있는 남성들의 공간에서 여성성은 놀잇감에 불과하겠지요. 그런데 원래 그러면 안 되는 것일뿐더러 세상이 바뀌고 있잖습니까? 일상과 희롱이 구분되지 않는 조건에서라면 지도층부터 바뀌어야 되겠지요. 성희롱과 아닌 것을 어찌 구분하냐구요? 간단합니다. 딸이나 며느리 한테 할 수 없는 성적인 농담이나 행위라고 보면 되겠지요. 성적이지 않고도 사회에서 허용되고 권장할만한 건강한 유머는 지천에 깔렸으니, 성적인 농담을 빼면 너무 건조해지지 않을까 하는 걱정은 안 해도 될 것입니다.

화가 나면 못할 짓이 없다?

농사일이 바쁠 때면 고맙게도 가끔 농사일을 도와주러 오는 멋진 부부가 있습니다. 농사일이 힘들다고 씩씩거리다가도, 내 좋아하는 사람과 같이 일하고 함께 음식을 나누면 또다른 재미를 느낍니다. 세상 속에 제대로 섞여 사는 것 같기도 하고, 또 같은 일을 함으로써 관계가 한참 깊어집니다. 뭐 굳이 농사일이 아녀도 같이 시간을 보내면 그 자체로도 좋다만 농사일을 같이하면서 어려움을 나누면 그 무엇보다 좋습니다.

그러던 얼마 전, 고추정식을 도와주러 왔는데 언니가 자꾸 투덜대며 볼멘소리를 했고 결국 우리가 보는 앞에서 부부끼리 큰 소리를 내고 싸웠습니다. 평소에 없던 일인지라 어떻게 해야 할지 몰라 당황했습니다. 결국에는 애써 준비한 저녁 식사도 마다하고 바쁜 일이 있다며 이내 자리를 떠버렸습니다. 같이 일하러 왔을 때는 괜찮아 보였는데 남들 보는 앞에서도 다툰 요량이면 필시 갈등은 오래전부터 있었던 것일 테지요.

저녁상을 물리고 나니 되레 우리 걱정이 됐던지 그 언니가 전화를 걸어 왔습니다. 내용인즉슨 시댁과의 갈등 때문이랍니다. 봄만 되면 시댁 농사일 거드는 문제로 다툼이 있었답니다. 아저씨는 언니와 의논이 없이 마음대로 무엇을 불쑥 결정한답니다. 그래서 속상할 때가 많답니다. 그런데도 집에서는 언니의 입장에 대해 제대로 말할 수가 없다 합니다. 아저씨가 대화하다가 막히면 종종 고함을 지르고 결국에는 가끔 물건도 집어 던진다고 했습니다. 배가 고프면 못 먹을 것이 없고 화가 나면 못할 소리가 없는 것이 사람이라는데, 화가 나면 무슨 일이든 못하겠냐만, 그 때문에 상대방이 공포를 느끼게 된다면 문제는 달라지는 것이겠지요. 이쯤 되면 들어주는 상담가의 입장에서 민원해결사의 자세로 전환됩니다. 빈도는 어떤지, 심해지는가 아니면 줄어드는가, 신체 폭력으로까지 이어지는가 아닌가, 슬쩍슬쩍 자존심 상하지 않을 만큼의 깊이로 묻습니다. 다행히 신체 폭력까지는 아니라고 합니다만 걱정이 많아집니다.

참말 모를 일이지요. 그렇게 좋은 낯빛을 가진 아저씨가 집안에서 폭력을 행사하다니 말입니다. 인심이 좋아 밥도 잘 사고 일도 잘 돕고 노래도 잘 하고 춤도 잘 추는 그야말로 팔방미남인데 믿어지지 않습니다. 이쯤 되면 곧장 따라 나오는 말이 있습니다. 아니나 다를까 남편과 그 얘기를 하고 있는데 시어머니께서 한 말씀 거드십니다. "남자는 나무랄 데가 없던데…." 이른바 폭력유발론이겠지요. 곧 세상 사람들의 시각일 것입니다. 힘 있는 자의 폭력에는 눈감기 쉽고 오히려 피해자를 폭력유발자라고 일컬으며 싸늘한 시선으로 대하는 것입니다. 약자가 약자의 편에 서기란 쉽지 않나 봅니다.

남의 집 가정사를 우리 부부가 나서서 이래라 저래라 하기가 쉽지만은 않으니 해결법이 참 난감합니다. 그런데 또 보고도 모른 체 하자니 그것도 쉽지 않습니다. 흔히 가정폭력은 노출시키라고 하지요. 부부의 문제라고 감추는 순간 가정 내에서의 폭력은 일상이 된다고들 하니까요. 폭력이 일상으로 자리잡으면 집안이라는 감춰진 공간에서 약자가 보호받을 수 없으므로 누군가가 개입해야 하겠지요. 게다가 힘이 센 사람이 그렇지 않은 사람에게 가하는 행위인 만큼 그 힘의 관계가 바뀌지 않는 한 해결될 문제가 아닙니다. 그러니 남편의 덕망이 훼손될까봐 숨기지 말고 이웃이나 가까운 사람들에게 알리고, 이웃은 폭력에 대해 중재의 입장보다 개선의 입장으로 접근해야 함이 옳을 것입니다. 가정폭력은 생각보다 훨씬 위험하고 자칫하면 목숨까지 왔다 갔다 할 수도 있습니다.

바보야, 문제는 가부장 문화!

　장마철도 지나고 이제 본격적으로 무더운 여름철이 시작되었습니다. 습하고 무더운 날씨에 제철을 맞은 풀들은 완전 저들만의 세상입니다. 엊그제 깎은 논두렁 풀이 고작 하루 이틀이 지났음에도 그 새에 속잎이 뾰족뾰족 솟구쳐 오릅니다. 무게가 있는 모든 사물들이 지구의 중심에서 당기는 중력 때문에 바닥으로 향하는데 유독 식물만큼은 위로 뻗어 나가는 것이니 그 원초적 힘을 사람이 어떻게 감당할 수가 있겠습니까? 내 농사만 방해하지 말라고 적당히 타협하는 것이 상책이겠지요.

　특히 언덕이 많은 이곳 산골 다랑논밭두렁은 풀의 양도 곱절이다 보니 풀이 무성하게 자라는 이즈음 남편은 아침저녁으로 예초기를 끼고 삽니다. 예초기로 풀을 베면 풀가루와 땀이 범벅되어서 집으로 돌아오곤 합니다. 그리고선 긴장된 근육을 푼다고 어깨를 뱅뱅 돌립니다. 그럴 때면 우리가 얼마나 잘 살려고 이 고생인가 싶어 좀 짠한 마음이 듭니다. 그리고는 고기반찬을 남편 앞쪽으로 당겨 놓는 것으로 짠한 마음을 달랩니다. 그런 남편한테 텃밭의 풀까지 손봐달라고 하기가 미안해서 얼마 전에 예초기를 가르쳐달라고 했습니다. 엔진을 켜는 것부터 줄을 교체하는 법까지 익히고서는 보무도 당당하게 밭으로 갔습니다. 사실 예초기를 들게 된 또 다른 이유는, 남녀가 구별되는 농사일로부터 남녀차별이 시작되었다는 생각에 나도 할 수 있다는 것을 과시라도 할 요량이었지요. 게다가 기계로 하는 일은 아무래도 근골격질환이 덜할 것이라는 생각까지 포함해서요.

막상 해보니 쉽지는 않았습니다. 강한 진동에 팔에 힘을 너무 많이 줬더니 뻣뻣해지고, 덩달아 온몸이 덜덜 떨리는 것이 여간 힘든 것이 아니었습니다. 잠시 일했을 따름인데 한나절을 일한 모양으로 온몸에 진동이 느껴졌습니다. 게다가 깎아놓은 모양새는 쥐가 파먹은 듯 엉망이었습니다. 그래도 우쭐거리며 시어머니께 자랑을 했더니, 일을 겁내지 않는 도전의식에는 박수를 보내면서도 다음부터는 하지 말라고 하십니다. 남자가 할 일을 같이 하게 되면 서로 미루다가 여자가 도맡게 된다는 것입니다. 뭐라고 답을 해 보려다가 어른들의 오랜 경험을 말씀하시는 듯하여 가만 듣고 있었습니다.

나의 농사일에는 농기계를 다루는 일이 별로 많지 않습니다. 기껏해야 시금치 파종이나 옥수수 파종 등만 다루고 대부분의 농기계는 이미 숙련된 남편이 하므로 굳이 내가 나설 이유가 없으니까요. 대신 정교하게 손으로 관리해야 되는 농사일이 훨씬 많으므로 거기에 더 많은 시간을 보냅니다. 그러다 보니 이제 습관이 되어서 남편은 농기계로 하는 일은 서두르면서도 손으로 해야 할 일은 차일피일 미루고 게으름을 피우는 일이 잦습니다. 가령 언덕이 높은 논 뒷둑의 풀을 베는 일이라던지 새 농사를 위한 밭 치우기 등에서는 부지런을 떨지 않고 대신 기계로 짧은 시간에 많은 성과를 내는 일에는 앞장섭니다. 물론 남편에게 물어보면 일의 필요성에 따른 것이라며 나의 평가를 억울해 할 수도 있습니다. 완전한 객관적 시각은 아니지만 같은 일이라도 기계로 하는 일을 선호하더라는 것이지요. 그러니 이러한 문제도 겸해서 예초기에 도전했던 것입니다. 그런데 하필 예초기라니, 예초기는 기계작업 중에서도 힘이 많이 드는 작업인데 말이지요.

우리 마을에도 여성농민이 기계를 잘 다루는 농가들이 더러 있습니다. 남편이 다른 직업을 가졌다거나 특별히 기계에 눈이 밝은 여성들이 있으니까요. 그런 집에서는 여성농민의 지위가 좀 낫지 않을까? 하는 생각을 더러 했습니다. 그런데 웬걸, 그런 집도 크게 다를바가 없다는 것을 알게 되었습니다. 이앙기로 모도 심고 관리기로 논가를 로

터리 작업하는 등 그렇게 일을 잘 하는데도 들 가운데서 목청을 높여 아내에게 꾸지람 하는 소리를 들었으니까요. 그러니 내 생각이 틀렸던 것입니다. 농기계를 잘 다루고 농사일에 대한 기여를 많이 하는 것이 가정 내 권력의 전부만은 아니더라는 것이지요. 물론 그런 측면이 없잖아 있겠지만 역시나 남성 중심의 문화는 훨씬 더 오랜 역사를 갖고 있었던 터라 누가 얼마큼 일했냐가 우선이 아니라는 것이 여러모로 증명된 것이지요. 사실 뭐 중요도로 친다면 아이를 낳는 것만큼 큰 일이 어딨겠습니까? 아이를 낳는 여성이야말로 세상에서 가장 큰 권력을 지녀야 마땅하겠지만 현실은 그러지 못하지요. 그러니 일의 중요도나 기여도가 아니라, 그야말로 모든 존재는 어디서나 무슨 일을 하든지 존중하고 존중받으며 민주적으로 살 수 있어야겠지요.

나도 할 수 있다는 치기어린 마음으로 시작한 예초기질로 생각이 여기까지 웃자랐습니다. 그러니 어머니께서 하시는 말씀도 틀린 말씀이 아니었던 것이지요. 무더위에 아침저녁으로 이뤄지는 농사일에서 조화를 꿈꿉니다.

사랑은 행동으로

어른과 함께 생활하는 데는 여러 장단점이 있습니다. 아직 경험해보지 못한 이런 저런 일에 대해서 안내를 해주므로 견해가 풍부하게 되는 점이며, 미처 깨닫지 못한 부분을 일러주는 등 배울 일이 참 많습니다. 어른과 같이 생활하는 사람의 처신이 훨씬 노련한 느낌을 주는 부분이 바로 이 부분이겠지요. 반면 불편한 점도 많습니다. 세대 차이가 있어 존중해주어야 할 젊은 사람들의 습관과 태도에도 당신의 시각을 기준으로 하다 보니 갈등이 생겨나고, 일을 대처할 때에도 당신의 경험을 중심으로 풀어나가려고 할 때가 많습니다. 원래 사람이 돈 욕심보다 정치적인 욕심, 즉 사람의 관계에서 중심이 되려고 하는 마음이 더 크다고 하니 가족관계에서도 예외가 아니겠지요. 그러니 어른과 함께 생활하면 정도의 차이가 있겠지만 계속해서 갈등이 생겨날 수밖에 없습니다.

여기서 주의해서 볼 것은 갈등을 어떻게 풀어나가는가 하는 문제겠지요. 그런데 자세히 들여다보면 갈등을 푸는 주체는 늘 정해져 있습니다. 성질 급하고도 폭넓게 생각하는 사람이 말이지요. 그것이 시간이 지나다 보면 습관이 되어 갈등유발을 누가 했는지에 상관없이 하던 사람이 늘 조정자 역할을 하게 됩니다. 갈등을 조정하는 것은 그만큼 마음의 부담이 따릅니다. 상대의 대응이 어떨지 미리 살펴야 하고 그에 맞는 대응도 고려해야 하니까요.

이런 배경을 놓고 보면 시어머니, 남편, 나 이렇게 세 사람 중에서 성질 급한 사람은 어머니와 나로 좁혀지고, 집안의 평안을 더 걱정하는 쪽은 아무래도 어른인 시어머니로서, 내가 이 집에 살기 전부터의 관계를 유추해보자면 언제나 어머니께서 관계의 조정자 역할을 해 오셨던 것 같습니다. 그러니 남편의 무심은 더 극에 달하게 되지 않았나 싶습니다. 도무지 표현을 잘 않는 성격에다 습관까지 그리된 것이지요. 맛난 음식이 있어도 다른 이에게 권하지 않고 남편은 묵묵히 먹습니다. 그렇다고 굳이 저 좋아하는 음식을 해 달라고 종용하지는 않지만요. 해거름까지 늦게 일을 하고 와도 별 반응을 보이지는 않습니다. 수고했다거나 어디까지 했는가를 확인하지 않는 것이지요. 적게 했다고 탓도 않는 것은 물론이지만요. 그러면 갈등조차 없겠지만 실은 이 무심함이 갈등의 시작입니다. 사람의 마음을 몰라주는 것이 얼마나 큰 문제입니까? 어머니께서는 당신 아들을 오랫동안 봐왔기 때문에 굳이 고치려고 하지 않지만, 나는 성격을 바꿀 수는 없어도 서로에게 필요한 일은 해야 한다는 것을 신념으로 생각하기 때문에 변화를 요구합니다. 세 사람이 같이 보내는 시간은 많은데 관계의 조정 없이 습관대로 하다가는 더 큰 상처를 받기 마련이기 때문입니다.

그나마도 어머니께서 젊으셔서 당신의 기운이 넘칠 때는 당신의 힘으로 세상을 끌어안았지만 이제 연로하셔서 당신도 누군가로부터 에너지를 받아야 하는데 당신의 가장 귀한 사람이 저리도 무심하니 얼마나 서운하겠습니까. 물론 그 기운을 며느리로부터도 받고자 하시지만 나는 일정 부분 관계를 설정해놓고 거기까지만 다가오라고 정해 놓았습니다. 그렇잖으면 내가 너무 힘들어서 말이지요. 그러니 우리집이 매끄러워지려면 남편이 섬세해지고 다감해지는 것이 급선무이지요. 나는 남편이 그리됐으면 좋겠는데 바뀔까요? 안 바뀔까요? 한데 이거 아시나요? 사람이 잘 안 바뀌지만, 꾸준하게 한 방향으로 바뀔 것을 요구하면 바뀌게 되어 있다 하네요.

시어머니의 방이 화장실에서 가장 멉니다. 주무시다가 화장실에 가시려면 조금 불편하실 것입니다. 집을 설계할 때 여러 가지를 고려했으나 무엇보다 건축비용이 가장 우선이어서 방마다 화장실을 넣을 수가 없었습니다. 게다가 그때는 옆집에 어머니의 집이 있었기 때문에 어머니의 노후까지 고려하지도 않았습니다. 그렇더라도 아들 내외와 함께 살고 싶어하셨음을 여러모로 짐작은 했으나, 애들이 타지로 나가면 그때 함께 살자 하려고 맘먹고 있었던 것입니다. 그러던 어느 날 어머니 집이 불타는 바람에 동거가 빨라진 것입니다. 그렇게 시작된 동거 때문에 여러 사건들이 있었지만, 시쳇말로 산전수전에 공중전까지 끝난 지금은 평화의 시대가 도래한 편입니다. 그런 사정에서 특히 어머니의 밤 화장실 사용은 더 많이 불편하실 겁니다. 그렇더라도 아직은 어머니께서 나름 건강하시므로 집 구조를 바꾸지는 않고 있는데 걱정은 됩니다. 거실에 있는 여러 물건들에 부딪히지 않으실까, 무엇을 밟아 넘어지시지나 않을까 걱정인 것이지요. 예전처럼 요강을 쓸 수도 없거니와 말입니다. 그러던 어느 날, 남편은 밤이 되면 자동으로 켜지는 조그마한 무드등을 하나 사 왔습니다. 긴 설명은 없었습니다. 화장실 갈 때 너무 어두워서 어머니께서 식탁에 부딪히실까봐 그랬다나 뭐래나.

낙태죄가 헌법 불일치!
무슨 말이야?

농사를 짓고 살다 보면 다른 어떤 직업보다 시간의 흐름을 느끼기가 쉽습니다. 돌아서면 풀이 돋아나고 돌아서면 풀이 자라서 농민들의 손을 붙잡을라치면 시간이 빛의 속도로 흐르는 것처럼 느껴집니다. 그런데 또 어떤 것은 변하고 있는데도 변화를 감지하기 어려운 것들도 많습니다. 특히 먹고사는 문제와 조금 동떨어진 듯 느껴지는 사회문제에 대해서 그렇지요. 일련의 변화가 생겨나도 그 변화의 방향이 정주행인지 역주행인지 가늠하는 것조차 유보하고는 나 몰라라 하는 경우도 있습니다. 최근에 무엇? 네, 낙태죄에 대한 헌법 불일치 판결입니다.

2019년 4월 11일, 헌법재판소에서 의미 있는 판결이 있었습니다. 형법 제269조 1항과 270조 1항의 낙태죄가 헌법과 불일치한다는 판결을 내렸습니다. 그동안 여성계에서 끊임없이 주장해오던 내용이고, 게다가 지난 2012년 판결에서의 합치라는 결론과 정면 배치되는 까닭에 더욱 반갑고 소중한 판결이라 환영해 마지 않고 있습니다. 쟁점이 되던 태아의 생명권과 여성의 자기결정권이 대립적인 구도로 설정될 것이 아니라, 태아의 생명보호를 위해서는 여성의 협력이 필요하다는 점에서 태아의 생명권은 여성의 신체적·사회적 보호를 포함할 때 실질적 의미를 갖게 된다고 결론을 내린 것입니다.

그동안 여성계에서는 '낙태가 죄라면 범인은 국가다'라는 다소 강한 주장을 펼쳐왔습니다. 온전히 육아를 감당할 수 없는 조건과 각종 성범죄 등의 문제가 개별의 선택으로 해결할 수 없는 것임에도 원치 않는 임신에 대한 법적·윤리적 책임을 여성만 져온 게 사실이니까요.

사실 많은 여성들도 낙태를 경험했습니다. 여성농민들도 마찬가지지요. 가족계획이 한창 유행하던 시기에 보건소에서 홍보하던 피임기구의 불능으로 임신된 사례도 많았지요. 그럴 경우 여지없이 낙태를 했지만 윤리적 문제에서도 더 많이 괴로웠고, 그 몸을 하고도 다음 날 곧장 들일을 하며 스스로 돌보지 못했습니다. 사회적으로 허용되지 않은 일을 감행한 부도덕성에 대한 죄책감조차 온전히 여성의 몫으로 남겨진 채 말입니다. 피임이 전적으로 여성의 책임이 아니라는 것은 자명한 이치인데 당연하게 여성의 몫으로만 남겨졌던 것입니다.

산부인과에 들어서게 됐을 때도 낙태를 말할 때면 조심스럽고 눈치를 보며 뭔가 부도덕한 행위를 하는 듯 위축된 행동을 했습니다. 무엇이 여성들에게 그렇게 조심스럽게 했을까요? 바로 낙태죄였겠지요. 여성의 몸이 있어야만 생존할 수 있는 생명임에도 마치 공공연히 살생한 것처럼 인식했던 것, 그 기원이 낙태죄에 있었던 것이지요.

이번 판결로 연내에 새로이 법개정을 한다하니 다행스런 일입니다. 물론 원치 않는 임신 상황이 생기지 않도록, 또는 임신상태가 되면 주저 없이 출산할 수 있는 여건이게끔 사회를 변화시키는 노력도 해야겠지요. 이렇게 세상은 여성들의 말에 조금은 귀를 기울이기도 하네요. 젊은 사람이 없는 농촌에서는 관심 밖의 일이기도 하지만 참 중요한 문제에 변화가 있다는 말이지요.

# 실수의 양면

　한겨울 찬 서리 된바람을 맞으면서도 틈만 나면 자라고 또 자란 마늘이 어느덧 수확을 한 달여 앞두고 있습니다. 한편으로는 그에 뒤지지 않으려는 풀들도 키를 자랑하며 앞다투어 자랍니다. 마늘이 다치지 않도록 조심조심 풀을 뽑고 있는데 논 어귀 옆길에서 '끼익'하는 불쾌한 소리가 들려왔습니다. 일을 멈추고 쳐다보니 승용차가 길가에 멈춰섰고 운전석 쪽 바퀴가 낮은 허공에 들려 있었습니다. 한눈을 팔았나 봅니다. 크게 다치지는 않은 것 같아서 큰 걱정은 않고 다시 일을 이어가려는데 운전사 아주머니께서 다급한 표정으로 이쪽으로 오셔서 견인차를 불러 달라 하십니다. 아니라고 댁에 트랙터가 두 대나 있지 않냐고, 그 정도면 트랙터로 끌면 되겠다 하니 안 된다고 손사래를 치십니다.

　안 하겠답니다. 남편께 말씀드리고 도움을 청하면 지레 화를 내고 탓을 하신답니다. 차를 복구할 걱정보다, 놀란 가슴 달래는 일보다 남편의 반응에 더 큰 걱정을 하는 것입니다. 딱히 놀랄 것도 아닙니다. 흔히 보아온 광경이지요. 이럴 때는 3자의 개입이 유리합니다. 둘이 있을 때는 큰소리를 치더라도 누군가가 있으면 체면이 발동되니까요. 천연덕스럽게 남편분께 전화해서 내 차가 빠졌으니 구해달라 했고, 도착했을 때는 상황파악을 하셨습니다. 그러고는 연신 허참, 허참 여기서 이런 하찮은 실수를… 허참… 하는 말을 연발하며 트랙터를 끌고 와서 차를 옮겨놓았습니다. 그제서야 아주머니 얼굴에 비로소 화색이 도는 것이었습니다.

　이 집만의 문제라굽쇼? 한 번은 이런 일도 있었지요. 나들이를 같이 가게 된 언니가 갑자기 얼굴이 사색이 되어서는 걱정을 하는데, 가스레인지에 물 주전자를 올려놓고

왔답니다. 이럴 경우 당연히 남편분께 전화를 해야 하는데 같이 있던 언니를 거쳐 이웃집 아저씨께 가스 불을 꺼 달라고 부탁을 하는 것이었습니다. 정신없이 나다닌다고 고함을 지르는 것을 피하고 싶었던 것이지요.

반면 언니들은 평소에 남편들이 실수할 경우, 혹여나 남편이 그런 일로 마음의 상처를 받을까 봐 전전긍긍하며 마음을 달래는 일을 먼저 합니다. 그리고는 몸은 안 다쳤냐고 위로를 하면서 문제를 해결하고자 하는 것이지요. 그런데도 남편들은 다짜고짜 실수 그 자체를 지적하면서 못났다는 식으로 탓을 하니 아내들은 작은 실수에도 작아지고 스스로 위축이 되고는 합니다. 그리고는 실수를 감추려 하고 심지어는 내가 안 그랬다고 회피하기도 하는 것입니다. 말하자면 실수에서조차 권력 관계가 작동되었다는 것입니다.

상식적으로 생각해보자면 부부 사이에서 서로의 실수쯤이야 관대하게 대할 수 있는 것입니다. 하지만 가부장 사회에서 여성의, 다시 말하면 약자의 실수는 응당 비난받기 일쑤입니다. 가부장 사회의 최대 장점은 질서이겠으나 한편으로는 약자에 대한 태도가 문제입니다. 힘 있는 자에게 가부장적 사회문화는 그 나름 아름답게 보이겠지만, 약자의 고통이나 아픔은 짐짓 모른 체하는 것이 허다합니다. 물론 의도한 것은 아니겠지만요.

농촌사회의 봉건성이 세상에서 여성농민의 지위와 역할을 제대로 인정하지 않는 것과 궤를 맞춰 가정 내에서도 여성의 감정이 공공연하게 훼손되는 일들이 아직도 많습니다. 공공정책을 쓰임새에 맞게 제대로 바꾸는 일도 쉽지 않지만, 가정 내의 민주화도 더딥니다. 불평등한 관계가 알아서 바뀌는 일은 드무니까요. 어떻게 밥주걱을 들고 각자의 집을 향해 연대집회라도 해야할까요? 글쎄요. 눈에 띄는 경우는 특수한 경우이고, 대부분 집안내 사정을 감추기 급급하니 더디게 더디게 바뀌는 것이겠지요. 어찌해야 할까요?

에어 콤푸레샤 그까짓 것

　창고 구석에 전에 없던 기계가 보여서 이게 뭐냐고 남편에게 물었습니다. 에어 콤푸레샤라고 주로 기계 청소할 때 쓰는 것이라고 합니다. 누구한테 빌려왔냐고 하니까 작년 가을에 산 것인데 몰랐냐고 왜 이리 관심이 없냐고 도리어 타박입니다. 사소한 것도 같이 의논하는 남편이 선뜻 산 것도 뜻밖이었고, 살림에 관심이 없냐고 하는 태도에는 짐짓 화가 났습니다. 살림에 관심이 없기는커녕 오매불망 잘살아 보려고 바둥거리는데 그 무슨 오명을 지우는 것이며, 무엇보다 아내 모르게 무엇인가를 결정하는 것에 대해서는 그냥 넘어가기가 어려운 대목임이 틀림없었습니다. 슬슬 전운이 감돌게 됩니다. 별것 아니지만 말입니다.

　사실 이 부분은 우리 부부만의 문제가 아닐 것입니다. 가정경제에 관한 영역 말이지요. 어떻게 버느냐 만큼 어떻게 쓰는가가 더 중요하고 여기에서 부부간의 합의가 가장 우선인 것은 분명합니다. 그럼에도 그것이 자연스럽게 잘 진행되는 집은 흔하지는 않을 것입니다. 서로가 느끼는 필요성이 다르니 소비하는 우선순위가 다를 것이고, 차이가 나는 서로간의 소비의식을 설득을 통해 풀어야 할텐데, 설득보다 일방적인 경우가 허다하니까요. 부부니까 당연히 이해하겠지라고 말이지요.

　언젠가 아시아의 여성농민들과 간담회를 하는 자리가 있었습니다. 아시아 각국에서 온 여성농민들이 자신의 처지를 이야기하며 그 문제를 해결하기 위해 어떻게 노력하는지에 대한 얘기를 하는 것이었습니다. 한 여성농민이 "남성들은 자신들을 위해 돈을 쓰고, 여성들은 가족들을 위해 돈을 쓴다"고 했고, 대부분의 참가자들이 맞는 말이라고 웃으면서 맞장구를 쳤습니다. 나도 같이 박수를 치며 분위기를 맞추기는 했으나 조금 비약인 듯해서 여지를 두었습니다.

　돌아가신 지 오래된 친정아버지께서 내후년이면 딱 백세입니다. 친정 부모님은 금슬이 좋아 웬만해서는 다투는 일이 별로 없었다 합니다. 그런 부모님에 대한 큰언니의 가장 큰 불만은 친정어머니께서 경제권을 아버지께 통째로 넘겨서는 장성한 딸에게 보장해야 할 여러 가지 생활요구들을 몰라라 해서 아쉬웠다 합니다. 다른 어머니들은 딸에게 유행하는 치마를 사준다거나 친구들과 놀러 갈 때 아버지 몰래 용돈을 주고는 해서 모녀지정이 돈독해 보였는데, 어머니는 딸에게 섬세한 지원을 하지 않았던 것입니다. 경제권을 쥔 아버지께서는 딸의 치마 따위 보다 논을 산다거나 소를 사는 등의 큰 살림에 더 바빴던 것이었습니다. 살림 장만이 바빠서라고 하더라도 늦게 낳은 큰아들에게는 시내에 가서 옷을 맞춰주기도 했다 하니 딸들이 여러모로 서운함이 있었던 것입니다. 말하자면 아버지의 판단이 소비의 기준이었다는 것입니다. 그 사이에서 어머니는 조정자 역할을 하지 않았던 것입니다. 남편에게 의존적이었거나 또는 아버지께서 완강한 분이셨거나 둘 중 하나였겠지요. 어쨌거나 나는 그 옛날의 이러저러한 가족사 중의 하나로 재미있게 들었습니다.

　독자적으로 콤푸레샤를 산 남편을 보며 생각이 깊어졌습니다. 비로소 다른 나라 여성농민의 이야기가 제대로 해석되는 것이었습니다. 남성들이 자신을 위해 돈을 쓴다는 말은 남성 자신만의 입치레 몸치레를 위한다는 뜻이 아니라 남성 자신의 가치 기준을 중심으로 돈을 쓴다는 것이고 그러다 보니 가족 구성원의 생활적 요구는 뒷전이기 쉽다는 것이겠지요. 친정아버지처럼 말입니다. 물론 오늘날 도시의 살림이야 정해진 월급에 나가는 곳이 뻔하니 그렇다손 쳐도 농촌살림은 여전히 좀 다른 구석이 있습니다. 팍팍한 농촌살림에도 사야 할 기계는 언제나 줄을 서고, 농협에 대출이자 갚을 일, 농약방이나 주유소에 갚을 외상값도 쌓이기 쉽지요. 지출되는 범주가 크고 다양하다 보니 조금 소소한 생활요구는 또 밀리기 쉽습니다. 그래서 농촌의 아이들이나 여성들은 더 많은 빈곤에 몰리게 되는 것입니다. 큰 살림에도 경제권이 안 주어져 소비가 위축되는 것이지요. 애들 학원비 때문에 싸우게 되는 것도 딱 이 때문일 것입니다. 애들을 다 키운 어른들이야 상관없지만, 젊은층은 딱 그 가운데서 고민이 많을 것입니다.

   어려운 살림이 하루아침에 달라질 리는 없지만, 소비에 대한 서로의 입장을 분명히 하는 것은 삶의 또 다른 기술일 것입니다. 행복으로 가는 작은 기술 말이지요. 한 번 돌아볼 일입니다. 그러니 콤푸레샤를 사놓고서 엉뚱한 우격다짐으로 아내를 소외시킨 당신은 오늘도 유죄여요. 벌점 30점 추가입니다.

샤워법으로 보는
남녀 차이 분석보고서

여름이 오기 직전의 늦봄 한낮 온도는 25도가 넘습니다. 이제 들일을 하고 나면 먼지뿐 아니라 땀까지 씻어내야 하는 계절입니다. 땀이 나도록 일한 후 샤워를 하게 되면 더없이 개운합니다. 그런 몸 씻기가 남녀에 따라 시간과 방법이 조금씩 다릅니다.

산 그림자가 길어지도록 농사일을 하다 보면 집에 돌아와 저녁 식사를 준비하는 시간이 빠듯합니다. 그 바쁨을 뒤로하고 여유롭게 몸을 씻기란 결코 내게 허용된 호사가 아닙니다. 집으로 돌아오자마자 화장실로 들어가 샤워를 하는데 샤워만 하느냐? 곳곳의 지저분함이 거슬려서 청소를 시작합니다. 그러니 샤워하는데 5분, 화장실 청소에 10분이 넘습니다. 내 손을 거치지 않고도 절로 깨끗해진다면야 두고 볼 일이지만 내 손이 안 가면 그대로 더욱 지저분해질 것이므로 때를 놓치지 않으려는 것입니다. 타일 홈에 곰팡이 때가 눌어붙지 않도록 솔로 문지른다, 하수구 틈새에 낀 머리카락을 뺀다, 칫솔꽂이 등 안 보이는 곳까지 청소하느라 부산하기만 합니다. 화장실이 지저분하면 집안 전체가 비위생적인 듯해서 신경이 많이 쓰입니다. 게다가 언제나 물을 사용하는 곳이므로 곰팡이 때가 앉기도 쉽고 악취도 많이 나기 때문에 다른 곳 청소보다 바지런을 떨어야 합니다. 그런 내 마음을 남편은 알기나 할까요?

남편도 일을 마치고 집으로 들어와 먼저 화장실로 들어갑니다. 씻고 나면 곧장 밥을 먹을 수 있을 것이란 기대에 기분이 좋은가 봅니다. 매우 열심히 샤워하고 수건으로 머리를 탈탈 털며 문을 열고 나옵니다. "뭔 냄새고? 오늘 저녁은 잡채야? 맛나겠소!" 하루 일을 마치고 밥 먹을 기대에 한없이 표정이 밝습니다. 저 순간은 나의 모든 요구를 들어줄 듯 가볍습니다. '암만, 나도 농사일하고 집에 돌아와 몸만 씻은 후, 머리카락을 바람결에 가볍게 말리며 누군가가 어제와 다른 요리를 해 주는 것 먹으면 기똥차게 맛나겠소!'

남녀의 샤워시간은 엇비슷하지만 청소까지 하고 나오는 시간과 몸만 씻고 나오는 그 내용을 볼라치면 한참이나 차이가 납니다. 시간뿐 아니라 여유로 치자면 곱절은 차이가 느껴집니다. 우리 집만 그런가 싶어 친구들에게 얘기를 꺼내보니 대부분 사정이 비슷비슷합니다. 개인차를 뛰어넘는 그것은 무엇?

나만 유독 쾌적한 공간을 좋아하기 때문일까요? 글쎄요. 아마도 위생과 정돈의 책임이 나에게 전적으로 돌아오기 때문일 것입니다. 집안일은 하면 표가 나지 않고 하지 않으면 표가 납니다. 또 일의 대가가 눈에 보이는 것으로 주어지지 않습니다. 게다가 집안일을 하다가 그 일로 다른 사람들과 유대관계가 맺어지는 일이 없이 오롯이 개인적인 영역으로만 끝납니다. 그러니 집안일을 서로 좋아서 하려고 하지는 않습니다. 솔직히는 어쩔 수 없이 해야 한다고 보는 것이 더 정확할 것입니다. 그런데 왜 내 책임?

아내이기 때문에, 며느리이기 때문에, 누나이기 때문에, 여동생이기 때문에 당연히 집안일을 돌봐야 하는 시대가 서서히 지나가는데, 농촌에는 아직도 집안일은 여성들만의 몫입니다. 도시에서 잘 하던 사람도 귀촌하면 중늙은이마냥 가사로부터 멀어집니다. 좀 배운 젊은이도 크게 다르지 않습니다. 어째야 할까요?

싱크대 앞의 남편, 멋져부러!

우리 집은 시할아버지의 4형제 분들께서 골짝에 터를 일구고 이웃으로 사셨던 곳입니다. 고함소리가 커서 육군대장이 별명이던 시할아버지 밑에서 자란 남편은 어려서부터 해야 할 일 보다 하지 말아야 할 일을 더 많이 보고 자랐을 것 같습니다. 타고난 기질에다 집안 분위기까지 겹쳐 장손답게 차분하다 못해 한없이 무겁기까지 합니다. 게다가 시할머니께서 일찍 돌아가셔서 가부장적 집안 분위기가 최고조였을 법도 합니다. 물론 우리 집뿐만 아니라 동네의 분위기가 대부분 비슷하지요. 그런 집안에서 성장한 남편의 가정생활은? 잘 마른 빨래를 개어 본 적도 없고, 맛을 낼 수 있는 요리법 하나도 익힌 것 없이, 지글거리는 방바닥을 구태여 비질해본 적은 더욱 없는 상남자였습니다. 이 남자와의 초기 결혼생활은? 상상에 맡겨봅니다.

농촌에서 부부만 사는 것과 시어른과 함께 사는 것은 하늘과 땅 차이(?)까지는 아녀도 어쨌거나 류가 다릅니다. 부부 사이에서 생기는 소소한 갈등은 나름의 방식대로 맺고 풀기를 반복하며 서로의 기대에 맞추어 변하고 성숙해집니다. 어떤 누구는 되고 어떤 누구는 변화가 안 된다고요? 사람은 상대방과 서로 의존해서 살아야 하는 관계에서는 상대에게 자신을 맞추려고 노력합니다. 그렇기 때문에 중매결혼도 가능하고 낯선 사람과의 공동체 생활도 가능한 것이 아니겠습니까. 문제는 둘이서는 좀 쉽게 풀 수 있더라도 시어른과 함께 생활할 때의 부부관계는 풀기가 더 어렵고 복잡하며 길게 갈 수 있다는 것입니다. 편이 있기 때문입니다. 시어른들께서 절대 중립의 위치에서 문제해

결이 잘되도록 양쪽을 지지해주면 더없이 좋으련만, 말은 그렇게 하면서도 대개 한쪽으로 기울기 때문입니다. 어느 쪽으로? 팔이 굽는 방향으로 말입니다.

가사노동 분담의 원칙에 대해서 한두 번이 아니라 참으로 길게 오랫동안 반복해서 주장하며 갈등했습니다. 갈등하는 것을 목표로 싸웠던 것이 아니라, 갈등이 가져다줄 성숙과 새로운 평화를 위해서였습니다. 그 갈등 끝에 이제는 바쁠 때면 남편이 먼저 개수대 앞에서 설거지를 하기도 합니다. 일터에서 먼저 돌아오면 밥을 해놓기도 하고 알아서 세탁기를 돌리기도 합니다. 오랜 장미와의 전쟁 끝에 다가온 변화입니다. 다행히 요즘에는 시어머니께서도 시대에 맞게 살아야 한다며 남편의 싱크대 생활을 지켜보시기도 합니다. 그러다가도 가끔씩 허리 굽은 당신께서 설거지를 하시겠다며 소매를 걷어 올리십니다. 그럴 때마다 얄짤없이 남편이 할 것을 종용합니다.

농사일에서도 남녀구분이 점차 줄어들고 있고 어떤 일에서는 여성농민의 비중이 더 높아지고 있습니다. 남성들의 경우 기계 사용시간이 많은 데 비해 여성농민들은 몸을 많이 움직이는 일들이 많습니다. 그러니 허리 굽은 할아버지보다 할머니가 더 많은 것입니다. 게다가 농산물 값이 계속 폭락세에 머물고 있는 형편이다 보니 농사 양이 어마어마하게 늘어난 상황입니다. 이런 조건에서 가사노동을 여성이 전담하기란 불가능합니다.

그러고도 맛있는 요리를 뚝딱 만들어내고 또 집안은 말끔하게 정돈되어 쾌적한 공간에서 생활하고자 한다면 그야말로 여성농민은 신적인 존재가 되어야 할 것입니다. 하지만 아쉽게도 인간의 수준에 머물고 있는지라 쉬기도 해야 하고 마음의 여유도 있어야 좀 사람답게 살 수 있지요. 언제나 가족의 기색을 살피며 생활하는 여성처럼 남성들도 가족, 특히 아내의 기색을 살피며 생활하노라면 지금보다 배로 행복한 삶이 될 것입니다. 관계를 중심에 놓고 사고하는 여성들의 특징을 따라하면 이 봄, 두 배의 행복이 보장됩니다.

아버지들의 요리 경연, 어때요?

우리 지역은 면 체육대회와 군 체육대회를 격년으로 실시합니다. 올해는 군 체육대회를 하는 해입니다. 면 체육대회 임원들과 면 직원들은 벌써부터 회의하고 가장행렬 준비하느라 몇 주 째 주말이 없습니다. 다들 고생이 많습니다.

체육회 임원분이 나에게도 선수로 뛰어보겠냐고 제안했는데, 작년 면 체육대회 때 실력도 안 되면서 릴레이 선수로 나갔다가 꼴찌하고도 사흘간 몸살을 했던 기억에 고개를 흔들었습니다. 사실 요즘은 체육대회를 할 만큼의 조건이 못 됩니다. 군 체육대회는 좀 낫다만 면 체육대회는 마을별로 선수 선발 자체가 어렵습니다. 낚시대회나 윷놀이 같은 선수 선발이야 쉽지만 축구, 배구, 이어달리기 등 고전적인 운동경기 종목은 인원수 채우기도 어렵습니다. 하긴 정부에서 추진하는 제2의 새마을운동도 할 사람이 없어서 못 한다 하니 두말 할 나위가 없지요.

그러니 체육대회라고 이름하기도 그렇습니다. 군 체육대회가 체력증진이 목적이 아니라 선의의 경쟁을 통한 군민 화합과 단합이라면 경기종목을 조금 달리해도 좋을 법합니다. 가령 아버지들의 요리경연대회를 진행하는 것도 재밌지 않겠습니까? 시상품도 최고 수준으로 해서 말이지요. 여성들의 가사노동을 가족 구성원 모두가 분담할 수 있도록 사회적 계도가 반드시 필요한 것인만큼, 개인이나 가정의 몫으로만 돌리지 말고 행정이 앞장서는 것이지요. 군 체육대회가 아니면 단독대회도 괜찮겠지요? 남성의 가사노동 참여에 대한 편견을 깰 수 있도록 말입니다.

　보다 현실적인 이유는 따로 있습니다. 노령화 시대에 홀로 사는 남성가구들이 증가하고 있는데 가사 중에서 요리를 가장 어려워하는 모습을 많이 보았기 때문입니다. 밀가루를 주식으로 하는 문화보다 쌀을 주식으로 하는 문화의 요리가 더 어렵다고 합니다. 한식 요리가 그만큼 복잡한 과정의 요리라는 얘기지요. 그런데도 남성은 부엌 가까이 가서는 안 된다는 가부장적인 전통문화 때문에 여전히 가사분담도 어렵고 남성의 요리 참여가 제한적입니다. 그만큼 노령 남성의 독립생활도 어려운 것이지요. 그러니 남성들도 자연스럽게 요리에 참여하도록 만들어야 할 터, 경연만큼 동기부여가 쉬운 것이 없습니다.

　노령화가 심해지는 시대에는 지역 체육대회의 경기종목도 새로이 고민해야 하겠습니다. 굳이 체육대회 형식을 고집할 것이 아니라면 또는 애써 인원 채우기도 급급한 고전적인 경기종목에 집착하지 말고 재미있으면서도 유익한 종목 개발을 해 보자며 새로운 생각을 던져봅니다. 누이 좋고 매부 좋은 아버지들의 요리경연, 그 밑바탕에는 많은 생각이 깔려있습니다. 여성들도 남성들도 모두가 행복하기 위해서 말이지요.

봄철 제3차 부부대전

　남편은 타고난, 계보와 역사가 있는 느림보입니다. 시할머님께서도 그러셨다 하고 시아버님께서도 유달리 느리셨다 하니 남편의 이유있는 느림이야말로 누구도 탓할 수 없이 아버지 닮아서 그런 것이라고 동네 사람들이 한 마디씩 보탤 정도입니다. 그러다 보니 우리집은 농사일을 다른 집보다 일찍 서둘러서 시작하거나 끝낸 적이 없습니다. 남편의 계산에는 남보다 일찍 하겠다는 생각 자체가 전혀 없는 모양입니다. 그저 철따라 살면 된다는 정도의 계산인 것 같습니다. 그런 남편의 성격으로 농사일로 다투는 일은 많지 않습니다. 주로 뉴스를 보다가 의견차가 나서 말싸움을 한다거나 다른 사람 얘기를 꺼냈다가 다투는 일이 종종 있습니다. 그런 태평 남편이 아주 가끔 버럭 화를 낼 때가 있습니다. 일이 고되고 할 일이 겹치면 넉넉하던 마음의 여유가 상실되나 봅니다. 누구라도 그렇듯이 말입니다. 일이 바빠지면 언사가 거칠어지고, 일이 조금만 틀어져도 네 탓 내 탓 하며 싸우기가 십상이니까요.

　사람들은 모농사가 반 농사라며 모농사의 중요성에 대해 늘 강조합니다. 우리집의 소득구조로 보면 나락농사는 한참 후 순위임에도 여전히 모농사가 주는 긴장감은 그대로입니다. 그런 남편의 긴장감과는 상관없이 날씨 탓인지 종자 탓인지는 몰라도 올해는 씨나락 발아가 잘 안 되었습니다. 씨나락 눈을 틔워 모상자에 넣었는데도 모판에 내면 싹이 고루 나지 않아서 모상자를 두 번이나 뒤엎고 세 번씩이나 씨나락을 넣었으니 모농사로만 치면 실농(失農)인 셈입니다. 그 과정에 세 번이나 연이어 부부싸움을 했습니다. 처음에는 말장난이 부부싸움이 되었고, 두 번째는 분무기 꼭지가 없어졌다고, 세 번째는 씨나락 넣을 준비를 제대로 안 한다고 버럭 화를 내는 것이었습니다. 둘만의 싸움이면 그럭저럭 수습이 쉽게 되었을지도 모르겠지만, 어머니가 계시니까 한 마디 거드는 것이 대부분 아들의 입장이고 그러다 보면 나의 저항은 더 거세져 싸움이 커지는 것입니다. 자연히 안 할 말까지 하게 되고 나중에는 싸움 중에 했던 모진 말만 뇌리에 남습니다.

지나고 나서 보니 그 싸움은 죄다 모농사에 대한 부담 때문이었습니다. 그런데도 화를 내니 확전된 것입니다. 화가 나는 감정까지야 모르는 바 아니지만 굳이 화를 표현해야 하는 습관, 그것도 평소에 쉽게 여기는 사람에게 표현하는 것을 고치지 않으면 불편한 쪽은 화를 내는 사람이 아니라 당하는 사람 쪽이지요. 버럭 화를 내는 남편의 습관에 대한 문제의식이 많았던 터라 그러지 말라고 완강하게 주장을 했습니다. 남편은 이전과 달리 빨리 자신의 잘못을 인정했습니다. 상대방이 마음의 준비가 없을 때 느닷없이 화를 내면 상처를 많이 받게 된다는 것까지는 인식하고 있었나 봅니다. 3년 넘은 서당개처럼, 화의 문제에 대한 주장을 되풀이하고 되풀이한 결과 수긍의 속도가 빨라진 것입니다. 이 정도면 많이 바뀌기는 한 것이지요? 싸움은 그 자체가 목적이라기보다 갈등상황을 해소하기 위함을 증명이라도 하듯이 말입니다.

그리고서 영혼을 울리는 한 마디, "내 습관도 이렇게 고치기가 어려운데 이해관계가 맞물린 세상이 어찌 빨리 바뀌겠나?"라고 합니다. 자신의 화내는 습관에도 기득권이 있었다는 것을 인정한 것이지요. 이제 절반의 승리는 거둔 셈이니 숫제 팔짱을 끼고서 부글부글 화가 나도록 부추겨서 진짜 바뀌었는지 검증을 한 번 해볼까요, 말까요?

성범죄 공화국의 민낯

하루가 멀다고 연일 기막힌 사건들이 터져 나오고 있습니다. 나이트클럽에서 처음 본 여성에게 일명 물뽕(?)이라는 환각제를 먹여 강제로 성폭력했다는 뉴스는 보는 이로 하여금 입을 다물지 못하게 합니다. 그것도 어린 나이에 유명세를 갖게 된 연예인들이 연루된 사건이다 보니 파장이 이만저만이 아닙니다. 알려진 바에 따르면 젊은이들이 하룻밤의 유흥비로 쓰는 돈도 기가 막히는 액수요, 그들의 쾌락을 극도로 끌어올리기 위한 환각 놀음도 하루하루를 힘겨운 노동으로 살아가는 사람들에게는 딴나라 이야기로 들립니다.

이 역겹고 추악한 현실이 무엇을 말해주고 있는지 곰곰히 생각해봅니다. 몇몇 연예인들의 개별적인 일탈인지, 아니면 사회 구조적으로 만연된 문제인지, 도시만의 문제인지, 농촌지역은 성범죄로부터 청정한지 지금이야말로 진지하게 되물음을 해보아야 할 때인 듯합니다. 얼마 전, 같이 바다일 하던 언니들이 한 언니의 핸드폰을 들여다보며 웅성거렸습니다. 민망하고 더럽다며 혀를 차기도 했습니다. 어깨너머로 보니 핸드폰 화면 속에 여러 명의 남자들이 한 여성의 몸을 가지고 되지도 않는 장난을 치는 모습이 담겨 있었습니다. 언니들도 참여하고 있는 단체 대화창에 누군가가 잘못 올린 모양입니다. 그 동영상에는 여성의 인격이 없었습니다. 아니 고려나 배려의 대상이 아닌, 다만 그 남성들의 놀이도구에 불과할 따름인 것이었고, 그것을 돌려보는 사람들 또한 크게 다르지 않았습니다. 남성들은 나도 해보고 싶다는 반응들을 보였고 누구 하나 그런 동영상 올린 사람에 대해 질타하는 사람이 없었습니다. 그러니 잘못 올린 사람의 사과가 없는 것은 당연하겠지요.

　인간에게 식욕과 성욕은 본능적인 것으로 그것을 문제삼자는 것은 아닙니다. 하지만 내가 배고프다 하여 남의 음식을 훔쳐먹으면 안 되는 것처럼 성(性)에도 바람직한 문화가 있지 않겠습니까? 야한 동영상을 돌려보는 것은 사적인 취미의 문제를 넘어서는 문제입니다. 이미 하나의 음성적인 산업으로까지 커져 있고 공공연하게 판매가 이뤄지는 불법상품입니다. 앞서 말한 클럽문화도 술과 음악과 춤을 상품으로 하는 것이 아니라, 클럽을 이용하는 여성들에게 흔적도 남지 않는 환각제를 음료수에 타서 먹이고는 그 여성을 스릴감있게 성폭력하는 것을 상품으로 판매하다시피 하는 지경에 이른 것입니다. 또 다르게 부각되는 사건을 보자 하니 일부의 고위관료나 언론인들도 비슷하게 놀았던 모양입니다. 그러니 누구를 탓하겠습니까?

　이제 이런 기막힌(?) 처방이 내려질 수도 있겠지요? 여성들은 절대로 클럽에 가지 마라, 낯선 사람이 주는 음료수나 술은 먹지 마라, 아니 그냥 장옷을 둘러쓰고 다녀라. 로맨스는 없다. 아니아니 여자는 너무 아름다운데 세상은 너무 위험하니 차라리 그냥 집 밖에 나가지 않는 것이 좋겠어. 성폭행 당하는 여성들은 집에만 있지 않고 나다녀서 그래. 그렇게 해서 여성들의 행동반경은 또 줄어들게 될 것이고 오랜 세월 그래왔듯이 욕망은 여성에게 금기되겠지요?

　도시의, 젊은 남자들의, 연예인 쯤 혹은 가진 자들의 이야기이기만 하겠습니까? 일탈의 정도나 범주로 봐서 범죄로까지 가버린 상황에 비교 할 일이 아니지만 여기에는 하나의 결이 있습니다. 여성을 인격체로 여기지 않는 것, 나의 쾌락에 너의 상처는 고려대상이 아닌 것, 그런 범죄적 일탈을 예사로 눈감아주는 끈끈한 연대의 힘, 부끄러운 성범죄 공화국의 민낯입니다. 그렇다면 농촌에는 없는 문제인가? 가려져 있는 문제인가? 묻고 또 물어볼 일입니다.

오늘의 당신을 지지합니다!

뭐니뭐니해도 명절은 설이 최고 으뜸입니다. 새해 새날이 그만큼의 설렘을 주는 까닭이겠지요. 아무리 현실이 팍팍하다 해도 내일에 대한 희망만큼 삶의 동기를 주는 것이 무엇이 있겠습니까? 지난날을 되돌아보자면 분명 어제와 크게 다르지 않은 오늘의 연속이건만 미지의 세계인 내일은 언제나 또다른 희망으로 다가 온 것이지요. 굳이 희망이 아니라 하더라도 믿지도 않는 신에게, 또는 자신에게 기도와 격려를 했던 것이지요. 잘 될 것이라고, 잘 되게 해달라고, 새해에는 좋은 일만 생기게 해달라고.

명절이 달라졌다고들 하지만, 농촌에서는 설을 준비하는 마음만큼은 모두들 그대로인 것이 틀림없습니다. 설이 오기도 전에 설 준비로 마음이 바빠집니다. 명절음식 준비의 가장 기본은 역시나 참기름을 짜는 것입니다. 너도나도 지난가을에 준비해 두었던 잘 여문 참깨를 짭니다. 그것도 여러 병을 한꺼번에 짜서는 설에 집에 온 자식들이나 친척들에게 한 병씩 나눠 줍니다. 참기름은 맛도 고소하거니와 그 정성도 참말 고소합니다. 만약 고향 어른들께 참기름을 받은 기억이 있다면 최고의 사랑을 받은 것입니다. 타지에서 각자의 방식으로 생활하는 사람들의 설 준비도 그 마음이 크게 다르지 않을 테지요. 가족이나 일가 친지들에게 각자의 방식으로 사랑을 표현합니다. 부모님은 물론이고 고향에 계신 어른들을 생각하며 빠듯한 살림에도 이것저것 선물을 챙겨 서로의 관계를 확인합니다. 그런데 일부에서는 그것이 부담스러워 고향 방문을 포기하는 사람들도 많이 있다 하니 명절이 그 자체로 좋은 것만은 아닌가 봅니다. 그러니 이번 명절은 좀 다르게 보내야겠다는 생각도 듭니다.

여기저기서 경제가 어렵다고들 합니다. 전 세계가 다 어렵다고 하니 유난을 떨 필요가 없다만 그래도 나라마다 해법이 다르니 각자가 체감하는 어려움도 조금씩 다를 듯합니다. 힘들 때 누군가의 말이 위로가 되기도 하고 날카로운 칼날이 되어 마음을 베기도 합니다. 그러니 무심한 말도 사려 깊게 유심히 해야겠어요. 공부하는 청년들에게 어디에 취직했냐고 묻지도 따지지도 말 것이며, 누구는 번듯한 어디에 취직했다는 자랑 아닌 자랑의 전파자가 되지도 말고, 어디서 무엇을 하던 '고생이 많구나'라는 말이면 충분하겠지요. 누구는 사돈이 어마어마하게 잘 사는 집이라고 나의 부러움을 섞는 따위의 허세도 없애야 하겠지요. 말이라는 것이 전달하는 과정에 은연중에 나의 바람이나 욕망이 드러나기 마련이니까요. 그러니 남들의 눈에 보이는 그 무엇보다 지금 현재의 내 마음과 네 마음이 훨씬 값진 것이라고, 살아보니 그렇더라고 격려하는 그런 시간이면 좋겠습니다.

남에게 근사해 보이고 싶은 마음이야말로 가장 인간다운 모습일 것입니다. 그 마음 모를 리 없으나 그것이 와전되어 허세를 피우며 자신을 포장해서 지키는 것이 문화이고 습관이 되면, 솔직한 자신의 모습도 보지 못 하고 타인을 지지하는 것도 인색해지기 쉽습니다. 하지만 세상에는 노력해서 성공하기보다 노력해도 성공하지 못하는 사람들이 더 많습니다.

설 명절, 사람들을 많이 만나는 시간입니다. 세상살이가 고달프니 사람들의 마음도 고달플 터인데도 고달프다고 말하지 못하고, 뜬구름 잡는 이야기로 허세를 피우기도 하겠지만 그 내면은 위축되어 있을 것이 분명합니다. 고향은 성공한 사람들이 금의환향하는 곳만은 아닌, 가장 힘들 때 찾더라도 그 향기와 추억이 위안이 되는 곳이기도 할 것입니다. 이 어려운 시기에 이만큼 살아가는 것도 훌륭한 것이라며 서로를 격려한다면 분명 새로운 힘이 솟아나리라 봅니다.

성장통

　심청전이나 흥부놀부 얘기를 너무 많이 듣고 자랐던 것일까요? 착해야 한다, 참아야 지, 사람이 그러면 쓰나? 그러게요. 착해야지요. 어려운 사람은 도와주고, 약자에게는 양보하고, 웬만하면 따지기보다 감싸주고, 남의 허물은 덮어주고 참고 참고… 참다가 곪아 터지는 요즘 세상입니다. 끝없는 성추행 고발의 행진. 터질 것이 터지는 것이라 여기며 차라리 변화의 시점으로 잡자고 하면서도, 특정인뿐만 아니라 사회 곳곳에 감 춰져 있던 우리의 이면을 보자니 착잡해지기도 합니다. 사람처럼 복잡하고 다면적인 존재가 또 있을까 싶어요.

　내가 당사자 아니라고 비난만 하고 있을 수도 없고, 내가 피해자 아니라고 방관해서 도 안 될 것이고, 나는 절대 그럴 리 없다고 부정해서는 '사람'을 제대로 이해한다고 볼 수도 없으니 이참에 집단의 지혜를 모아 보는 것이 어떨까요? 그렇잖아도 여기저기서 문제를 던지고 있었으니까요. 권력을 가진 자들의 위력에 의한 성추행 말입니다. 그런 데 그 권력이라는 것이 결코 고관대작들만을 칭하는 것이 아니라는 것이지요. 부부나 가족 사이는 물론이거니와, 마을 내에서도, 지역사회에도 힘의 관계가 있어 다양한 형 태의 갑질로 나타납니다.

　절대주의 시대, 권위주의 시대에는 약자들이 제 목소리를 내기란 쉽지 않잖아요. 그 나마 세상이 조금 바뀐 탓에 약자들도 비로소 용기를 내어 자신의 목소리를 낼 수 있게 된 것이지요. 그러니 여기에 힘을 더 보태보면 어떨까요? 지금 분위기로는 피해를 폭로한 사람들도 여전히 제2, 제3의 피해를 보는 구조입니다. 그 여자가 실은 어쩌고 저쩌고 하는 것은 물론이고 가족이나 주변 관계도 털리고 있다 하니 사생활이 보장되지 않는다지요.

한때 성평등 교육이 직장까지 확장되다가 멈춰 섰습니다. 이참에 5인 사업장까지는 물론이고 농촌에서도 각 마을까지 성평등 교육을 실시하는 제도적 장치를 마련해야 되지 않겠습니까? 서구의 복지국가에서도 성평등이 복지문제의 시작이라 한다지요. 국민소득이 올라가고 경제력이 세계 몇 위라고 자랑하더라도 그 내실은 곪아서 언제 터질지 몰라 긴장하고 있다면 어디 선진국을 꿈꾸겠습니까?

요양보호사들이 독거 노인들에게 심심찮게 추행을 당한다는 이야기, 식당 종업원들이 고객들에게 당하는 추행 등이 내 이웃들의 실제 모습입니다. 그렇더라도 이웃의 눈이 무서운 이곳 농촌에서 미투운동이 덩달아 일어날 리는 더욱 만무하잖아요. 그들이 말하지 않고 참으며 모욕감을 견디고 있어서 모를 따름이지요. 그렇다고 눈 감고 그들만의 이야기로 내버려 둘 수는 없지요. 합의된 연정이 아닌 폭력으로 마음을 나타내는 것이 범죄가 되는 세상입니다. 당하는 사람은 온통 상처투성이가 되니까요. 안타까운 것은 무엇이 범죄행위가 되고 가해가 되는지도 모르고 있다는 것이 농촌의 현실이지요.

농촌 지역 내 모든 회의에 성평등 교육을 제도화해서 쓰라린 가슴을 위로했으면 합니다. 그러고도 한참은 시간이 걸릴 것입니다. 온전히 변하기까지는요. 그래도 이참에 뭐라도 하면서 상처를 돌아보면 온 사회가 성장하는 계기가 되겠지요. 지금은 온 사회가 성장통을 앓고 있는 것이니까요.

손님맞이

 지난 연말에 산골짜기 우리 집은 손님맞이로 분주했습니다. 시끌벅적하게 연말을 보내야 송구(送舊)하는 맛이 제대로 나는 모양인지, 여러 가지 술과 장구 장단에 가무까지 곁들인 걸쭉한 해넘이 자리가 꾸며졌습니다. 요즘에도 그렇게 즐기는 사람들이 있냐 하겠지만 일부 손님들 중에 음주 가무파가 있어서 입니다. 대화 사색파 중심이라면 고상하게 차를 곁들인 다과상이면 충분했을 것을, 그렇더라도 시끌벅적하고 소란스럽게 해를 넘기는 것도 나름의 맛이지 않겠습니까? 일상의 긴장감을 깨는 전 세계 모든 축제에는 음주 가무가 기본이 아니던가요. 음주 가무파에게 융숭한 대접이 아니어도 우리집이 연말모임의 최적지로 꼽힙니다. 집주위로 반경 200m 내에는 사람이 살지 않는 외진 곳이니까요.

 대개의 약속이 그렇듯 모임 날짜가 잡히면 그때부터 손님맞이 계획으로 머리가 복잡해집니다. 청소며 식단, 잠자리 등등 모든 것에 대해 사전에 그림을 그려야 하니까요. 게다가 시골인심은 돌아가는 길에 손에 쥐어줄 것까지 계산을 하게 마련입니다. 주먹거리는 참석자들이 각자 부담을 져서 준비하므로 준비에서 제외되지만 밑반찬 준비는 물론이고, 손님을 맞는 측으로서의 예의상 매력적인 먹거리 하나 정도는 장만하는 것이 인지상정인 만큼, 장보기도 해야 합니다.

 그 다음으로 집안 곳곳을 청소합니다. 현관 밖은 남편이 담당하고 집안은 곧 나의 일입니다. 화장실이며 소파 밑, 싱크대의 물때까지 대청소를 하느라 부산을 떱니다. 미뤄뒀던 대청소를 하는 시원함에 이런 정도는 즐거운 일로 여겨집니다. 문제는 손님이 오고 나서부터입니다. 같이 즐겨야 할 모임이건만 어차피 손님 시중을 들어야 할 누군가가 있어야 하니, 된장이 떨어지거나 동치미를 찾으면 벌떡 일어나는 것이 안주인인 내가 됩니다. 셀프 시스템을 만들면 되지 않냐구요? 그러게요. 그런데 어찌 손님더러 남의 집 장독대를 뒤지게 하겠습니까.

같은 손님일 때도 이러하고 전적으로 남편의 손님이 왔을 때의 대접도 그러하니 애통할 일이지요. 그러니까 나의 주장은 나의 손님이 왔을 때 음식이며 다과 대접을 남편이 해 준다면? 더없이 좋겠지요. 유붕이 멀리서 방래하는 즐거움에 남녀가 따로 있겠습니까? 그런데 손님 대접의 일사분란함이 훈련돼 있지 않았으니 가당치 않은 일이지요. 무심한 듯 착착 진행되는 손님맞이가 실은 고도로 훈련되고 집중하는 까닭에 가능하다는 것을 막상 해보면 알게 될 테니까요. 해서 친한 언니는 오랫만의 방문에 반드시 밖에서 밥을 먹고 집으로 가자고 합니다. 온전히 서로에게 집중하기 위해서요.

뭐 요즘에는 농촌에서도 손님맞이를 집에서 하는 경우는 흔치 않지요. 아주 가까운 사이에서나 집으로 초대하니까요. 그래도 또 시골이라 집으로 손님이 오기도 합니다. 사람과 사람이 만날 때 누군가 해야 할 손님 시중에 역할을 딱 정해놓기 보다는 손님과의 관계를 우선 시 하며 역할을 정하는 것, 가령 안주인의 손님을 맞을 때, 서로가 안부를 묻고 생각을 나누는 재미를 갖도록 퍼진 칼국수를 내주는 남편, 삐뚤빼뚤 자른 사과 접시를 내미는 애들, 아니면 봉지커피라도 타주며 얘기꽃을 피우라는 시어머니의 정성이면 어쨌거나 농촌살이 맛이 조금 나아지지 않겠어요?

칭찬이 고래도 춤추게
하기는 하는데…

바깥일을 보고서 집으로 들어서는 남편은 종종 "지하수 모터 안 껐제?" 또는 "비가 온다는데 비 설겆이를 안 했제?"라고 묻습니다. 시어머니께서도 "말린 고추를 바람 안 씌웠제?"라고 물으십니다. 기왕이면 지하수 모터는 잘 껐냐고, 건고추 바람은 씌웠냐고 물으면 더없이 좋을 것을 부정적으로 질문을 하는 것이지요. 고분고분하지 않은 나는 심부름에 대한 답은 뒤로하고 어찌하여 부정적으로 물으시냐고, 이 집 각시나 며느리로 사는 것 참 힘들다며 너스레를 떱니다.

과오를 전제한 추궁식의 물음이나 잔소리는 사람을 위축시키고 주눅이 들게 합니다. 아마도 시어머니와 시할머니께서도 그러셨을 테지요. 어린 나이에 시집와서 층층시하 시집살이에 격려와 지지보다는, 미처 못 하고 놓친 일에 대하여, 또는 죽어라 하기 싫은 일을 미루다가 꾸지람을 많이도 들으며 시집살이를 해내셨겠지요. 꾸지람 듣지 않으려고 지레 잘 하려다 보니 '나'는 없어지고 대신 가족들이 먼저고 그 많은 농사일에 몸이 틀어지고 허리가 굽어진 것이겠지요. 그리고 몸에 밴 잔소리의 전통은 대물림 됩니다. 그 잔소리에 어떻게 대응해야 할지 판단이 선다면야 낫지만 그러지 못한다면 고통이 되겠지요.

한때 '칭찬은 고래도 춤추게 한다'라는 책이 유행한 적이 있었습니다. 나는 책이 유행할 때는 못 읽다가 한참 지난 후에 우연히 읽었습니다. 다 읽고서는 책의 제목에 문제가 있다고 생각했습니다. 칭찬이 좋은 줄 모르는 이가 어디 있으며 어디 고래만 춤추게 하겠습니까? 미련하다는 곰도 탱고, 디스코, 차차차 할 것 없이 각종 춤을 추어대겠지요. 내 말은 지극히 당연한 말을 책 제목으로 내놨으니 책을 안 읽고도 책을 다 읽은 듯 느껴져 의외로 책을 읽는 이들이 적겠다는 생각을 했습니다. 내가 그러했듯이.

만약 나에게 책 제목을 달게 해 줄 새로운 기회를 준다면 '고래도 춤추게 하는 칭찬의 기술'이라고 붙여 보겠습니다. 책은 '칭찬이 중요하다' 라고 말하기 보다는 언제 '어떻게 칭찬해야 더 값진가'에 대해 말하고 있고 더 근본적으로는, '잔소리는 사후 약방문이므로 감정을 드러내는 식으로 하지 말라'고 합니다. 잔소리의 목표가 행동의 변화라고 한다면 미리 의미를 제대로 설명하는 것이 훨씬 효율적이며 실질적이라는 얘기를 덧붙이는 것이지요. 하지만 우리네 퍽퍽한 삶에서는 잘되지 않은 일에 대하여, 또는 마음 상한 일에 대하여 만만한 이에게 감정을 표하거나 잔소리를 먼저 합니다. 게다가 잔소리는 권력 관계를 나타내기도 합니다. 아무래도 힘을 가진 쪽의 권력행사라는 것이지요.

섞여 살려면, 소통은 필수입니다. 그럴 때 일을 그르친 후에 비난하는 잔소리의 방식보다는 일의 중요성에 대하여 사전에 기분 좋게 설명하는 방법이 필요하겠지요. 아무리 중요성을 말했어도 놓쳤다면 실수인지 아니면 의도인지를 구분해서 접근 해야할 것입니다. 실수라면 실수를 보완해주기 위한 노력을 아끼지 말아야 할 것이고, 의도라고 하면 생각을 나누고 또 나누어서 합의점을 찾아야 할 것입니다. 다짜고짜 했냐? 안 했냐? 따져 묻는 잔소리 방식은 친밀함을 해칩니다. 뭐 꼭 아내에게나 며느리에게 하는 말뿐만 아닙니다. 잔소리나 꾸지람보다 상대를 움직이게 할 단 한마디를 찾아내는 것이 바로 능력입니다. 만추에 고래도 춤추게 하는 칭찬으로 삶을 더욱 풍요롭게 해보았으면 좋겠습니다.

 # 친정아버지 백수연

어릴 적에 돌아가신 친정아버지께서 올해에 99세가 되십니다. 살아계신다면 올 생신날에 백수연 기념잔치를 하게 되는 것입니다. 또래들의 아버지에 비해 훨씬 연세가 많은 편이지요. 그런 아버지의 출생 시기의 문화적 영향으로 말미암아 나의 이름이 최대한 토속적이고 촌스럽습니다. 김유정이 동백꽃 소설을 쓰던 1930년대 딱 그때의 유행하던 이름을 지어주신 것이지요. 친구들 이름은 미정이나 영숙 등 비교적 그 현대적 이름들이 많지만, 1919년생 아버지께 막내딸 이름이 말숙이던 점순이던 무슨 상관이 있었겠습니까? 덩달아 잘 커 주라는 기대만 있었겠지요. 더러 개명을 권하는 친구들도 있습니다만 아버지의 선견지명(?) 덕택에 촌스럽게 농사를 지으며 잘살고 있으니 그냥 이대로 살겠다고 농으로 화답합니다.

살면서 힘들 때마다(주로 경제적 어려움이겠지만) 이 모든 것이 일찍 돌아가신 아버지 때문이라고 원망 아닌 원망의 결론을 내리고는 했습니다. 그러다가 최근에서야 새로이 눈을 뜨게 된 것이 있었으니, 웬만해서는 일을 겁내지 않는 용기며 몇몇 장면에서의 섬세함, 까칠하면서도 다정한 나의 많은 기질을 실은 아버지로부터 물려받았다는 것입니다. 나는 너무 어려서 못 받아본 사랑이지만, 학교 다녀온 큰오빠의 밥을 차려주는 것도 아버지 몫이었고, 소풍날이면 구경도 못 해본 양과빵을 사 오셔서는 선생님께 선해드리라고 했던 일, 방학숙제로 미니쟁기나 지게를 만들어서는 지게 멜빵을 색실로 곱게 땋아 주셔서 친구들의 부러움을 샀다는 이야기 등을 지금도 잊을만하면 큰언니가 전해주고 또 전해줍니다. 홍역으로 네 살에 죽은 둘째 딸을 못 잊어서는 애기 무덤에 강낭콩도 삶아서 넣어주고 추석이면 꽃신도 사 넣어주었다는 이야기도 두고두고 출현하는 단골 이야기이고 들어도 들어도 지겹지가 않습니다. 구태여 가르쳐 준 것이 아니나 언니 오빠들에게 들은 이야기를 분석해보면 나는 확실히 아버지의 성정에 더 가깝다고 스스로 결론 내렸습니다. 당연히 나의 것이라 여겼던 기질이 실은 대부분 물려받은 것이고 그것은 전답을 물려준 것 이상으로 값진 것이라는 것을 이제야 알게 되었으니 깨달음은 이렇게 항상 늦습니다.

나뿐 아닙니다. 위로 둘 언니들도 비슷한 양상입니다. 언제나 힘이 펄펄 넘치니 그것도 다들 아버지로부터 물려받은 기질이라는 것이지요. 그러니 둘 언니들과 도모할 일이 있습니다. 돌아가셨지만 올해 생신이면 백수를 맞으시는 친정아버지의 생신 잔치를 우리 딸들이 해보자는 제안입니다. 낳아주시고 물려주신 그 감사함에 대한 보답으로 말입니다. 언니들을 만나 의논을 했더니 그것 좋다고 합니다. 아버지와의 추억이 많으니 언니들은 더한 애틋함으로 흔쾌하게 답변을 했습니다. 돌아가신 아버지의 백수연 잔치의 양식이 따로 없으니 생전에 아버지께서 좋아하시던 대구탕이나 가오리 회무침 정도로 주메뉴를 정하면 되겠지요. 나는 농사를 짓고 있으니 떡을 해야겠습니다.

그런데 나에게는 이리도 의미 있는 일이 올케언니들에게는 난데없는 부담이 되겠지요? 얼굴도 뵌 적 없는 시아버지의 백수연을 하자고 시누이들이 느닷없이 들이대면 무척이나 당황스러울 것입니다. 시아버지께 물려받은 것이라고는 돌밭 몇 뙈기뿐 다정한 시아버지 사랑도 못 받아본 며느리들은 그렇지않아도 예쁠 것도 없는 시누이 셋이 작당을 벌인다고 내심 불만이 생길 것입니다. 그 마음 이해합니다. 나도 시댁과의 관계에서 뜬금없이 주어지는 일에 적잖이 당황할 때가 많으니까요. 그래서 오롯이 딸들이 부담을 지기로 한 것입니다. 없던 일을 만들어 누군가에게 부담을 지울 일이 뭐가 있겠냐며 자발적으로 나서는 것이지요.

하고 보면 많은 사람들이 커다란 부담을 지고 사는 것 같습니다. 얼굴도 모르는 윗대 어른들의 제사를 의무적으로 지내는 것 하며, 새해를 맞는 즐거움도 명절제 준비로 한없이 바쁘고, 시월이면 시제까지 모시니 조상님 덕에 태어난 삶이기는 하나 조상님으로 지는 짐이 무겁기 짝이 없네요. 그것의 시작이 수천 년 전에 이웃 나라 왕조가 정통성을 가지기 위해서 만든 예법인데도, 그 의미는 사라지고 형식 위주로 계승돼 온 것이지요. 때로 형식이 내용을 담아내기도 하지만 형식이 내용을 파괴하기도 합니다. 그 무거움으로 말이지요. 친정아버지의 백수연을 준비하며 생각이 여기까지 웃자랐습니다.

5장

노령화, 천의 얼굴

농촌 고령화, 천의 얼굴

　사람들이 하루에 사용하는 단어가 평균 1만 개 내외쯤 된다고 합니다. 이를 연령대별로 다시 세분하자면 조금은 차이가 날 것입니다. 누구보다 농촌 지역에서 생활하시는 어르신들의 단어 사용 개수는 훨씬 줄어들 것입니다. 만나는 사람이 정해져 있고, 마주하는 사건이 크게 다르지 않고, 서로의 관심이 비슷한 까닭에 생각의 폭이 좁아지게 됩니다. 그러니 편협해지기 쉽습니다. 평생을 무난하게 살아오신 그 연륜이 어느 순간부터는 고집불통의 모난 성격으로 변하기도 합니다.

　예전 대가족일 때만 해도 온 가족이 한 집에 모여 살다 보니 집안 분위기가 다채로웠습니다. 이것저것 해달라고 떼쓰는 아이에서부터 말수가 확 줄어든 사춘기 손자, 혼기가 닥친 막내딸의 거동이며 무엇보다 철에 따른 농사일 걱정까지 집안의 식구만큼 이야깃거리가 있고 관심거리가 있어서 삶이 풍성했습니다. 비록 살림살이가 옹색하더라도 말입니다.

　요즘은 노인 혼자 사는 집들이 많습니다. 이러다 보니 한 가지 감정이 지속되기가 쉽습니다. 주로 어둡고 무거운 감정이 오래갈 것입니다. 얄미운 사람은 오랫동안 밉고 화가 나면 참기 어렵습니다. 날 선 감정과 감정 사이에 누가 쑥 들어와서 환기를 시켜주면 좋으련만 그런 일은 흔치 않습니다. 혼자 사니까요. 노인성 우울증이 심각하다고 말은 합니다. 그래서 보건소 직원이 우울증에 대해 교육을 하러 다니며 나름대로 신경을 쑵니다. 하지만 노인들의 우울증은 교육으로 해결할 성질의 것은 아닙니다. 마주하는 사건이 적고 희로애락을 나누는 이가 없어서 생기는 고립감을 어찌 교육으로 해결할 수 있겠습니까?

독거노인 문제를 해결하고자 정부에서 마을 단위의 공동주거생활 정책을 시행한 적이 있었습니다. 하지만 오히려 더 큰 문제가 생겨났습니다. 공동생활하는 노인들끼리 마찰이 일어나고 노인 왕따가 문제로 한 분 두 분 공동생활을 피하는 분들이 생기게 된 것입니다. 그런 까닭에 관리자 없는 마을 단위의 공동주거생활사업이 실패로 돌아가게 됩니다. 또 마을회관에서 공동식사를 해 드시도록 쌀과 부식비를 정부에서 지급하는데도 매번 일하는 사람만 한다고 귀찮다며 중노인쯤 되는 분들은 마을회관 가기를 피하는 현상도 있습니다. 게다가 마을회관을 지키며 터줏대감 같은 역할을 하는 분이 도량이 넓고 여러 사람 사이를 엮어주는 역할을 하면 좋으련만 지나치게 세도를 피우며 여러 사람을 힐난하는 경우 분위기가 퍽퍽해지기 쉽습니다. 마을회관에서 내기 고스톱을 치거나 이야기꽃을 피우는 시간이, 겉보기와 달리 이런 복잡한 사정들이 있다는 것입니다.

때마침 경북 상주의 한 마을에서 발생한 '농약 사이다' 문제로 농촌사회가 발칵 뒤집혔습니다. 뉴스를 접한 마을 분들도 연일 어찌 됐는지, 왜 그랬는지 관심을 표하십니다. 아직 범인과 이유가 밝혀지지는 않았습니다만 시간이 지나면 밝혀지리라고 생각합니다. 하루아침에 날벼락 맞듯이 가족을 잃은 유가족의 입장을 보자면 당연히 범인의 인격 문제로만 보겠지만 농촌사회의 복잡한 사정을 잘 아는 우리는 좀 다른 시각을 가질 필요가 있을 듯합니다.

사람은 혼자서 감정을 통제하고 조절하기란 쉽지 않습니다. 감정은 고정되어서 가만히 있는 것이 아니라 주변 사람들과의 관계나 상황에 따라 변합니다. 화난 감정, 서운한 감정, 안타까운 감정들이 밝고 따뜻하고 애잔한 감정과 섞여서 두런두런 살아가게 됩니다. 해묵은 감정도 섞여 살아가다 보면 풀리게 마련입니다. 하지만 혼자 고립되어 있으면 감정의 골이 더 깊어지고 머릿속에서 적개심이나 분노감이 더 키워질 수 있습니다. 흔히 노인들은 긴 인생을 살아오고, 기운이 없어서 별일 없이 조용히 생을 마감하리라고 생각할 것입니다. 아마 대부분은 그럴 것입니다. 하지만 상상도 못할 일들이 벌어질 수도 있습니다. 지구상 모든 생물 종의 개체수 분포는 피라미드형으로, 연령에 따라 개체수가 줄어드는 양상을 보입니다. 상황에 따라 들쑥날쑥한 삼각형 모양도 있지만, 어찌됐건 신생자가 훨씬 많고 고령자는 적은 것이 일반적입니다. 그것이 안정적인 구성입니다. 헌데 우리 사회는 급격한 고령화를 맞아 지구의 어느 생물 종도 경험해 본 적 없는 노인끼리의 삶을 눈앞에 두고 있습니다. 그런 생활조건이 어떤 사회적 문제를 일으킬지 누구도 알 수 없습니다. 이미 농촌은 아주 심각하게 고령화가 진행되고 있으니 참 애탈 일입니다.

딱 10년 후가 궁금해요

일주일에 두 번, 마을회관에서 요가교실이 있습니다. 군보건소에서 지원하는 사업이니만큼 싹싹하고 성실한 요가선생님의 지도 아래 매번 빠짐없이 진행됩니다. 제일 바쁜 철을 빼고는 꾸준히 진행되다 보니 요가도 요가거니와 마을 사랑방 구실도 합니다. 누구 집에 송아지를 몇 마리나 낳았단다, 올해는 마늘 농사가 재미있다, 누가 팔을 다쳤다는 등 마을의 소소한 이야기를 나눌 수 있는 소중한 자리입니다.

그런데 요가를 하러 나오는 면면들이 평균 칠십 세가 넘습니다. 요가 하는 데 나이가 무슨 상관이냐만 요가의 문제가 아니라 농촌 고령화가 심해도 너무 심하다는 것입니다. 예전 같으면 물꼬나 돌볼 나이에 장정처럼 일을 하는가 하면, 칠팔십의 나이에도 품앗이를 다니십니다. 농업을 이어갈 새로운 후계세대의 영입 없이 전체적으로 농촌이 늙어가는 것입니다.

물론 귀농하는 젊은이들이 간혹 있지만 귀농하는 친구들은 전통적인 농업생산보다는 유통이나 판매 등에 더 관심이 많은 듯합니다. 그도 그럴 것이 농사가 좀 힘듭니까? 농사일을 몸에 익히는 것만도 몇 년씩이 걸리니 요즘 젊은이들더러 칠팔십 어른들처럼 일하라 하면 엄두도 못 낼 것입니다.

더군다나 요즘의 농사는 여성농민의 손이 더 많이 갑니다. 대규모 수도작 농사 외에 과수, 원예, 축산 등 섬세한 관리가 필요한 농사에 여성농민들이 차고 일을 하면 더 야무지게 한다고들 누구나 말합니다. 아닌 게 아니라 축산농가가 외상사료 구매 약정할 때 남성 혼자보다 여성이 함께 관리할 경우 금액을 높게 책정한다하니 사료회사도 여성들의 알뜰함에 후한 점수를 주는 것인가 봅니다.

그럼에도 직업으로 농업을 선택하고자 하는 여성들이 전무후무하다시피 합니다. 지금의 농촌 현실로는 젊은 여성을 유혹할 수도 없을뿐더러 기왕에 농사짓던 여성농민들도 뿌리내리고 살기 어렵습니다. 애들 공부를 시키려 해도 유학비가 장난 아니지요. 생산비가 치솟고 소득은 불안정하고, 단순 반복되는 농사일에 여기저기 근골격질환을 달고 삽니다.

20년 넘게 농사를 짓던 지기가 새삼스레 농사를 정리합니다. 농업에 대한 애착이 누구보다 컸는데, 고추농사를 잘 지어놓고 의기양양해 하던 모습, 농업문제를 해결해 보자고 지역농민들을 만나던 열정, 텃밭의 호박이나 오이 등을 나누던 정겨움을 뒤로한 채 이농을 한답니다. 슬그머니 농기계를 하나씩 정리해가는 모습이 애잔하기만 합니다. 우리들 중 또 누가 떠나갈지는 아무도 모를 일이지요. 하긴 떠나지도 못하는 사람들만 남았는지도 모릅니다. 그러니 이 애잔함은 떠나는 그 젊은 부부를 향한 감정이 아니라 우리들, 아니 농사짓는 나를 향한 감정일지도 모르겠습니다.

채워지는 젊은이는 없고, 나이는 먹고…, 그러다보니 요가교실은 칠팔십 어르신들 뿐입니다. 이러다가 딱 10년 후의 풍경이 어떻게 될지, 정말 궁금합니다.

어머니와 씨앗

올해 78세이신 시어머니께서는 평생 농사를 지어 오셨습니다. 농지가 좁고 비탈진 남해 땅인 만큼 기계화가 덜 되어 고구마며 마늘 등의 노동집약적인 농사를 줄곧 해 오셨던 까닭에 허리가 90도로 꺾여서는 길을 걸으실 때는 힘들어 하십니다. 작년까지만 해도 노인의 상징인 듯한 지팡이를 멀리하시더니 요즘은 짧은 거리를 이동하실 때도 찾으십니다. 그만큼 불편하시다는 뜻일 테지요. 그렇지만 앉은 일에는 아직도 따를 자가 없거니와 꾸준함에서는 한치의 타협도 없습니다. 그런 어머니께서 감당해주시는 농사량이 우리 부부에게는 참 많은 도움이 됩니다. 한국 농업이 노령농의 덕을 보는 것처럼 말이지요. 게다가 농사에 관한 웬만한 지식은 다 가지고 계십니다. 언제쯤 무슨 씨앗을 심어야 하는지, 빛깔만으로 숙기를 알아낸다거나 입으로 깨물어 보고 수확 여부를 판단하기도 하십니다. 어머니의 일기예보는 틀리는 법이 없습니다. TV에서는 비가 온다는 데도 서쪽하늘을 보고서는 비가 오더라도 한 방울만 내리고 말 것이라는 예언을 던지시기도 합니다. 그런데 그게 또 맞습니다. 하늘이나 작물 등 주변에 대한 예리한 통찰력을 갖고 살아온 옛어른들의 지혜가 그대로 살아있는 것이지요.

그중에서도 씨앗관리를 참 잘 하십니다. 수확한 콩이며 깨 등 갖가지 곡식 중에서 제일 튼실한 놈을 골라 씨앗으로 남겨 두십니다. 잘 말려서 그늘에 보관하다가도 중간에 혹여 덜 말라서 벌레가 생기지는 않나 유심히 관찰하며 다시 햇볕을 보입니다. 말려서 보관하는 씨앗은 그나마도 관리하기가 쉬운 편이지만 생강이나 토란, 감자처럼 수분이 있는 채로 관리하는 씨앗들은 퍽이나 까다롭습니다. 가을 감자나 토란을 수확해서는 얼지 않도록 땅에 묻었다가 이듬해 이맘때쯤 순이 잘 튼 것들을 다시 심습니다. 씨앗 관리의 백미는 생강입니다. 생강은 뚜껑이 있는 상자에 흙을 담고 거기에 묻어서 방안에 둡니다. 그러고는 가끔 수분이 마르지 않도록 겨우내 한 번씩 물을 줍니다. 그렇게 잘 보관된 생강은 썩지도 마르지도 않아 씨앗도 되고 먹을 수도 있습니다.

사실 시어머니만 그런 것은 아닙니다. 농사짓는 여성농민들은 늘 그렇게 해왔습니다. 농사에서 가장 중심이 되는 씨앗을 각자의 방식대로 대를 이어 관리해오고 있는 것입니다. 지금의 우리가 농사짓는 씨앗들은 대부분 그런 것들입니다. 가장 잘 키운 것들로, 가장 소중하게 관리되어 오래도록 보존되어 온 것입니다. 그 중심에 여성농민의 손길과 사랑이 있었던 것입니다.

종묘회사에서 파는 씨앗들을 구입해 쓰면 그만이지, 귀찮게 종자관리는 뭣하러 하냐고요? 그러게요. 그런데 이것은 공공연히 알려진 비밀인데요, 돈으로 구입한 종자는 이듬해 다시 종자로 받아 쓸 수가 없습니다. 돈 때문에 종자에 손을 써놓은 것이지요. 그렇다고 연구자들이 세상에 없던 품종을 발명해 내지는 않았는데도 말입니다. 있던 고추 중에서 조금 개량한 정도로, 있던 호박에서 조금 다른 호박으로, 있던 옥수수에서 조금 더 크게 개량한 옥수수가 되면서 종자로 남길 수도 없게 하고 비싸지기만 했습니다. 더불어서 시어머니처럼 종자관리의 대가들도 더 이상 의미 있는 존재가 아니라는 것이지요. 그런데 '있던' 종자는 어디서 어떻게 누구의 손으로 지켜져 왔습니까? 있던 종자에 대한 값은 누구에게 내었나요? 이 논쟁은 지금도 계속되고 있습니다. 종자의 권리는 누구에게 있는가? 농민의 힘이 거세지면 농민 쪽 입장이 강해지고 거대 종자회사의 힘이 세지면 돈 입장이 강해지겠지요. 지금은 당연히 기업 쪽에 있는 것이고요.

햇빛, 흙, 물, 씨앗 등 농사에서 가장 기본이 되는 자원 중 사람의 손으로 관리 가능한 것은 씨앗뿐이라지요. 그것들을 귀히 여기며 대를 이어 지켜온 것은 바로 농민들이고 그중에서도 시어머니와 같은 여성농민들입니다. 그러니 그들이 농업발전의 일등공신임을 기억해야겠지요.

니들이 참깨 농사맛을 알아?

농사가 힘들고 돈이 안 된다 하여 재미가 없는 것은 아닙니다. 텅 빈 땅에 거름을 넣고 갈아서 씨앗을 뿌리면 싹들이 자라나 결실을 맺는데 그 참 신비롭기 짝이 없습니다. 그 조그마한 씨앗에 예견하지 못할 미래가 담겨 있으니 그래서 씨앗더러 우주라고 부르는 시인들도 있나 봅니다. 그 녀석들을 심어놓고 행여 산비둘기가 주워 먹지나 않을지, 벌레가 갉아 먹지나 않는지 노심초사하며 살핍니다. 그러다가 싹이 땅 밖으로 쏘옥 내밀면 비로소 1차 안도의 한숨을 쉽니다. 한 뼘이 지나고 수확 때까지 몇 번의 어려움이 지날 때까지 농사 재미는 계속됩니다. 한낮 대지의 기운을 받아서 자고 나면 자라고 또 자라는 농작물을 보며 키우는 보람을 느낍니다. 어릴 때 선생님께서 물건을 만드는 사람과 식물을 키우는 사람, 동물을 키우는 사람 그리고 사람을 가르치는 사람을 구분하며 그 마음 씀이 단계별로 다르다 했으니 확실히 공장에서 물건을 만들어 내는 일보다 농사일이 훨씬 손도 많이 가면서도 보람 있음은 두말할 나위가 없겠지요.

그런 농사에도 남작 백작 자작 등과 같이 구조오작위가 있어 농사를 짓는 종류와 그 애정에 따라서 초보자와 고수를 구분할 수 있습니다(순전히 내 생각이지만요). 텃밭 농사를 시작할라치면 상추나 가지, 오이 등 흔히 식탁에 자주 오르는 농사를 짓습니다. 그러다가 나이가 들고 삶이 바뀌면 조그만 땅에도 콩이나 깨를 심어봅니다. 이른바 농사의 고수가 되는 것이지요. 어른들께서 팥 없이는 살아도 콩 없이는 못 산다고 했으니 말입니다. 텃밭 농사도 그렇지만 상업농사에 길들여진 농사방식에서도 콩이나 깨 등의 농사는 귀찮기 짝이 없습니다. 그래서들 흔히 단작화가 된다하지요. 일단 돈이 안 되고, 손은 많이 가야하므로 기피하는 농사입니다. 게다가 값싼 수입 대용품이 넘쳐나므로 굳이 키울 필요 없이 시장에서 사면 된다는 생각이 깔려있습니다. 그러니 주작농사에 떠밀려 텃밭에서 시어머니께서 양념할 정도로 조금 심는 것을 돌보는 일조차 꺼립니다.

올해는 윤5월이 있습니다. 보통 음력 6, 7, 8월을 한더위로 치고 그 시기에 식물들이 가장 많은 태양에너지를 받으며 잘 자란다고 보는 것입니다. 그런데 거기에 윤 5월까지 겹쳤으니 음력으로 추석까지 넉 달이나 되는 셈이므로 그만큼 여름이 길다는 뜻입니다. 그렇다면 또 거기에 걸맞는 농사가 있는 법이지요. 지난 겨울, 나이 드신 여성농민 분께서 같이 일하는 우리들더러 올해는 깨농사가 맞을 것이라며 깨농사를 권하셨습니다. 아닌 게 아니라 밭마늘을 캐내고 심은 동네 분들의 깨밭은 이 가뭄에도 되레 더 번들번들하니 잘 자라고 있는 것입니다. 우리집도 깨를 조금 심기는 했지만 깨농사가 특화된 해만큼의 양이 아니라 예년과 비슷한 수준이다 보니 살그머니 욕심이 생겨난 것입니다. 해서 얼마 전에 남편이 물 관리 차 다시 일군 묵정밭에 때늦게 깨를 심었습니다. 오늘 아침 가보니 비둘기가 안방처럼 드나들며 파먹더니만 그 와중에도 어린 참깨순들이 고개를 쏘옥 내밀고 있었습니다. 그 재미야 말할 것도 없지요.

음력 윤5월 있는 해는 '깨의 해'라는 것은 매우 전문 지식이므로 여기에도 지적재산권을 부여해야 하는 것 아닐까요? 누구한테? 그 여성농민한테? 아닌데… 그 여성농민은 또 다른 어른께 배웠을 것이고 또 그 분은 더 웃어른께 배웠을 것이니 통칭 농민들의 경험과 지식을 나눈 것이지요. 결코 그 지식을 사유화하지 않는 것입니다. 이른바 농사경험이 공동의 사회적 자산이 되는 것이지요. 농민들은 그렇게 살아왔고 앞으로도 그렇게 살아갈 것입니다. 그러니 농민이야말로 사회적 자산인 셈입니다.

수다 권하는 사회

　별스런 가뭄과 별스런 장마도 끝이 나고, 이제 무더위만 남았습니다. 이 철이 오기까지 쉼 없이 일하느라 고단했던 농민들이 잠시나마 쉬는 계절이기도 합니다. 물론 농사일은 끝이 없고 한더위를 피해 짬짬이 밭도 매고 논도 돌봐야 하는지라 온전히 쉰다고는 못 합니다. 다만 농번기 보다는 좀 수월하다는 것이지요. 게다가 요즘에는 국민안전처에서 어찌나 폭염주의문자를 많이 보내던지 한 더위에 일을 하면 국가의 령을 어기는(?) 것이므로 착한 국민답게 쉬어줘야 합니다. 동네 어귀에 커다란 정자나무가 한 그루 있다면 운치도 있고 마을 쉼터로 안성맞춤일 텐데 아쉽게도 우리 마을에는 그런 곳이 없습니다. 우리 마을에는 후손들의 휴식까지 내다보는 한량 어르신이 안계셨나 봅니다. 대신 요즘에는 시대에 맞게 마을회관에서 시원하게 에어컨과 선풍기 바람을 쐬며 지내십니다. 게다가 한더위에는 무더위 쉼터 역할을 하라고 전기세도 지원을 해서 에어컨 바람을 맞으니 이 부분은 나라가 잘하는 일 같습니다. 하여 이때가 되면 마을 분들이 부식거리와 간식거리를 챙겨서 회관으로 모입니다. 이른바 수다의 계절인 셈이지요.

　어머니께서도 아침 일찍 깨밭이나 텃밭을 돌보시고, 우리가 어질러놓은 장갑을 빨아서 널어 놓으시고는 아침식사를 하시자마자 회관으로 가십니다. 그런 날은 어쩐지 생기가 돕니다. 무언가 목적이 있는 삶이 되는 것이지요. 마을분들은 매일 만나도 반갑고 즐겁나 봅니다. 저녁밥을 먹을 때면 어머니께서는 낮에 회관에서 나눴던 이야기 중 우리 부부와 함께 나눌만한 내용을 당신의 생각까지 보태서 말씀하십니다. 그럴 량이면 나는 추임새를 넣으며 그래서예? 옴마야, 그렇구나, 라며 어머니가 더 말씀하도록 부추깁니다. 그러나 실상은 그 내용에 대해서 그다지 관심은 없습니다. 특별난 내용도 아니거니와 대부분은 했던 말씀을 또 하시기 때문입니다. 다만 어머니께서 그 연세에도 기력을 잃지 않고 누군가의 삶을 이야기 나눌 만큼의 신체적, 정신적 에너지가 있다는 것을 확인하며 가능한 할 수 있을 때까지 그렇게 사시라는 의미로 추임새를 넣어 드리는 것입니다.

그런데 남편은 종종 어머니께 핀잔을 줍니다. 말을 아끼라는 둥, 마을회관이 소문의 진앙지라는 둥 사람들의 수다를 약간 멸시하는 태도입니다. 암만요, 그렇겠지요. 과묵하기로 치자면 남편은 정승감 정도이니 다른 사람의 수다를 싱겁게 여기거나 문제시 하겠지요. 그렇지만 수다야말로 소통의 가장 원활한 도구인 셈인걸요. 마음속의 생각이야 천 가지 만 가지이지만 일단 생각을 정리해서 밖으로 내뱉는 순간에는 스스로도 검열을 하는 것이고 다른 사람의 이목도 헤아리는 만큼, 보다 인간적인 기준에 적합하도록 생각을 정리하는 것이지 않겠습니까? 그리고 남을 흉보는 것도 역기능보다는 순기능이 많은 것 같습니다. 남의 흉을 말하는 순간 그것은 사회적 기준이 되는 셈이니까요. 저 궂은 줄은 모르고 남 궂은 줄만 아는 이기심도 있지만, 확실히 혼자서 생각하고 혼자서 실행하는 사람보다 수다를 수없이 떠는 사람이 대형사고를 치거나 자괴감에 빠질 가능성이 적지 않습니까.

역사적으로 우리나라를 비롯한 동양의 정치문화가 과묵함을 중요시 여긴다 하지요? 서양에서 개방적이고 활달한 정치문화를 중요하게 여기는 분위와는 달리 말입니다. 다 장단점이 있겠지만, 중후한 과묵함에는 폐쇄적인 측면이 있어서 불통의 권위주의가 자리하기 쉬울 듯 합니다. 그런 동양권의 문화 탓일까요? 복원시켜내자고 그렇게 외치는 농촌공동체도 알고보면, 알아서 눈치껏 참으며 서로 어울리는 불편함을 감수하는 계층이 있습니다. 주로 약자인 여성이나 어린 사람들인 것이지요. 다른 나라에는 없는 어린이날이 생겨난 것도 그러한 문화를 극복하고자 함이라지요? 모두가 격없이 어울려 사는 데는 소통이 최고의 도구입니다. 그것이 이른바 수다가 아니겠습니까?

시어머니의 팔순

　시어머니께서 음력 8월생이신지라 생일까지는 한참이 남았지만, 일철이나 더운 철을 피해서 지난주에 팔순잔치를 했습니다. 팔순잔치라 해봤자 마을 분들께 점심 한끼 대접하는 정도에 그쳤지만, 그 과정에는 참 많은 생각이 들었습니다. 한 사람이 태어나서 팔십 평생을 산다는 것이 얼마나 숭고한 것인지, 또 삶의 전 과정에 얼마만큼 힘든 시간을 겪어 온 것인지, 어려운 고비를 넘길 때마다 무슨 힘으로 버텨냈는지 제대로 가늠하기가 어려우니까요. 추측하건대 삶의 마디마디에 고통과 보람과 깨달음이 교차했을 것입니다. 그런 까닭에 극도로 단순해진 노년의 삶이 어디서나 조화로울 수 있는 것이겠지요. 대다수 어른들이 그런 것처럼 말입니다. 오고 가는 사람들에게 던지는 덕담 한 마디에도 지혜가 속속 배서 듣는 이로 하여금 온기를 느끼게 합니다. 딱 거기까지이지만요.

　어머니께서는 어장집 딸로 태어나 산골 장남에게 시집을 왔습니다. 도시로 살러나갈 것이라는 약조를 받고 산골로 시집을 왔는데 아버님께서 도시로 갈 생각은 않고 시골에서 눌러사신 까닭에 평생 고생이 많았던 것이지요. 시집온 지 3년 만에 시어머니가 돌아가시고 담을 사이에 두고 네 분의 시숙모들과 함께 생활하였으니 오죽했겠습니까? 지금도 걸핏하면 여포 창날 같은 시숙모들 운운하시니 그 시집살이도 고됐던 모양입니다. 아무리 엄한 시어머니여도 자식을 대하는 부모 마음과 조카며느리를 대하는 숙모들과는 달랐겠지요. 그 틈에서 잘 하려고 무던히도 애를 쓰며 살았을 것입니다. 가끔 남편의 경직성에서 어머니를 읽게 됩니다. 지나치게 반듯하게 생활하려고 애쓰는 모습을 종종 보이니까요.

처음 결혼해서 남편이 붉은 고추를 씻었을 때, 어머니께서 마누라 길을 잘못 들인다고 노골적으로 싫어하셨습니다. 남자가 할 일과 여자가 할 일이 다르다는 것을 말씀하신 것입니다. 아니, 실은 어머니께서 밭일을 할 때는 손끝도 안 움직이던 아들이 며느리 일을 도우니 서운한 마음도 더 컸을 것입니다. 그렇게 시작된 고부간의 갈등이 한참을 갔습니다. 어머니 마음속 이면의 언어를 잘 몰랐기 때문입니다. 그래서 나는 어머니랑 친해지기 어려울 것이라고 단정을 했습니다.

　주장이 강한 며느리를 만난 어머니께서도 적잖게 당황하셨을 것입니다. 터무니없이 자기주장을 앞세우는 며느리, 농사일이 제일 우선임에도 뒷전으로 미루고 제 볼일 보는 며느리, 가사일도 남편과 공평하게 하자는 불손한 며느리를 온전히 이해하기가 쉬웠겠습니까? 그러던 시어머니께서도 이제 적당히 이해해주십니다. '이제'라고 하는 짧은 말속에는 참 많은 시간과 사건이 담겨 있지만, 그냥 줄여서 말합니다. 어머니랑 같이 일하면서 많은 이야기를 나누었습니다. 왜 어머니께서는 아버님께 생활상의 요구를 하지 않으셨냐니까, 그때는 그러면 안 되는 줄 아셨다 하십니다. 그저 소리 없이 참으면서 가정을 잘 가꿔 나가는 것이 여자의 삶이었다고 합니다. 덧붙여 너 같으면 이 골짜기에서 못 살았을 것이라고 말씀을 하십니다. 암만요, 그랬을 것입니다. 하지만 제 생각도 세상에 맞춰진 것이지 처음부터 그러기야 했겠습니까. 따지고 보면 어머니와 저는 세대와 지역과 문화의 갈등을 격하게 느낀 것이겠지요.

　이렇게라도 고부갈등이 해결되는 데에 특별한 비결은 없습니다. 각자 삶의 목표대로 노력하며 함께 하는 시간이 오래다 보니 서로를 이해하게 된 것이겠지요. 그렇다고 당신의 삶을 온전히 이해할 수 있는 것도 아니고, 또 나를 다 이해해주기를 바라는 것이 무리인 줄은 알지만 그래도 팔십 평생을 한결같이 살아오신 당신의 삶을 진심으로 존경합니다. 당신과 함께해 온 이웃들의 삶 또한 존경합니다. 그래서 이웃분들을 모시고 팔순잔치를 해드렸습니다.

고령 여성농민의 명복을 빕니다

　며칠 전 영암지역에서 참 어이없는 교통사고가 났습니다. 한꺼번에 8명의 사망자가 발생한, 그것도 하필이면 농사 일당벌이 나갔다가 귀갓길에서 당한 사고인지라 안타깝고도 애석하기 짝이 없습니다. 무엇보다도 그 사고의 이면으로 한국농업의 현주소를 다시 보게 되었으니 더욱 참담하기 짝이 없습니다. 버스에 탑승했던 분들은 대부분이 70~80대 고령의 여성농민들로, 젊어서부터 평생 골병들도록 농사일을 해오신 분들입니다.

　그분들의 뒷모습이 어떠했는지 안 봐도 눈에 선합니다. 옆으로도 휘어지고 거기에다 앞으로도 굽은, 바로 내 이웃들의 모습이니까요. 농사일로 잔뼈가 굵은 내 이웃들은 얼굴이 보이지 않는 새벽 어스름이나 저물녘에 옅은 빛에 비치는 실루엣만으로도 누가 누군지를 구분할 수 있습니다. 자세는 곧 그 사람의 삶을 말하니까요. 어느 각도로 얼마큼 굽은 정도에 따라 그가 어떤 일을 얼마나 많이 해왔는지를 정확히 알아낼 수 있습니다. 제아무리 고생을 많이 했다고 자랑을 해도 반듯한 자세를 가졌다고 하면 스스로 그렇게 느낄 따름이지 실제는 아닙니다. 누가 뭐라 해도 몸이 뒤틀어지도록 일한 사람의 자세는 어떻게든 표가 나게 마련이니까요. 전 세계 어디에서도 이런 척추 자세를 가진 사람들을 만날 수는 없습니다. 태국, 베트남, 아프리카, 남미 등 어디라도 우리나라 여성농민들처럼 이중으로 틀어진 몸을 가진 사람들이 있는지 한번 찾아보십시오. 노동강도가 제일 세다는 '쪼그리고 일하기'를 태연하게 해내는 까닭이지요. 그만큼 우리나라 여성농민들이 많이 참고 일해왔다는 것입니다. 오죽하면 작업 방석이 상품으로 나왔겠습니까? 참말로 눈물겨운 현실입니다.

2017년 농가 평균소득이 3,900만 원 선에 근접했다고 어느 농업신문의 머리기사가 전합니다. 하지만 농가 평균소득과 상관없이 66.8%가 1,000만 원 미만의 농업소득 수준이고, 70세 이상 농가 경영주가 41.9%입니다. 말하자면 고령의 농민들이 한국의 농업을 지탱하고 있다는 것입니다. 언론에서는 이번 사건을 손주들 용돈이라도 줄 요량으로 일을 나갔다가 당한 참변(이런 제목이면 소득 3만 불 시대에 맞게 그림이 좀 그럴싸하게 나올까요?)이라 하지만 실제로는 생계 비용에 가깝습니다. 자식들이 다 떠난 농촌에서 월 20만 원의 노령연금만으로는 가계를 유지하며 존엄을 지키기는 어려우니까요. 아 물론 그중에는 통장에 얼마의 현금을 보유하고 있기도 할 것입니다. 하지만 어쩌란 말입니까. 평생 일만 해왔지, 쓰고 놀아본 적이 없는 삶인지라 아무리 고단해도 일거리만 있으면 일을 해야 한다는 생각으로 이 농업을 유지 발전시켜 가는 것이 아닙니까. 이렇게 노령화된 농촌은 자연 발생적인 결과가 아니라 정부의 농산물시장 개방 정책과 기계화·규모화 정책이 가져온 결과입니다.

기계화율 91%를 자랑하는 쌀농사 외의 대부분 농사가, 70~80대 고령의 여성농민들에 의해 완성된다고 보면 정확합니다. 밭농사도 55%의 기계화율을 자랑하지만 잘 물러져서 살살 다루어야 하는 새콤달콤 딸기 따기도, 봄날 한꺼번에 피는 배·사과꽃을 솎는 것도, 한없이 고급스러운 삶을 만들어 주는 수제 녹차 따기도, 월동 이모작 마늘·양파심기도 죄다 사람의 손을 거쳐야만 합니다. 장시간 불편한 자세를 하고서도 재빠르게 놀린 값진 그들의 손이 한국의 농업을 받들고 있는 것입니다. 추측하건대 만약 우리가 먹는 농산물 중, 그들의 손을 거치지 않은 것을 먹는 자만이 천국으로 갈 수 있다고 한다면 천국에는 아무도 가지 못할 것입니다.

그래서 더욱 가슴 아프고 황망합니다. 평생을 농사지어 온 그분들에게 '당신들이 있어 우리 사회가 그 혼란함 속에서도 사회안정과 국가발전이 가능했다'라는 영광의 인사 대신 소작농도 아닌 일용농으로 생을 마감하게 한 이 미안함을 무어라 해야 할까요? 하루 세끼를 먹고 사는 국민 모두가 이렇게 당신들을 보내드리게 돼서 정말 죄송하다고 사죄라도 해야 할 것입니다. 그리고는 버스 기사만을 탓하는 대신 한국농업의 현실과 그 구조적인 모순을 낱낱이 파헤쳐서 새로운 대안을 만들어야 하겠지요. 삼가 고인의 명복을 빕니다.

권력의 이동

    수확한 마늘을 창고로 들이고 못자리까지 정리해서 모를 심고 나니 비로소 텃밭에 열린 오이나 애호박, 가지 등이 눈에 들어옵니다. 어느새 많이도 자란 달달한 첫물 오이나 첫물 애호박 등으로 밥상을 차리니 여름맛이 납니다. 큰일은 끝났다 하지만 그러고도 이런저런 집안일들이 널부러져 있고 돌봐야 할 농작물들이 많기만 합니다.

    사실 주농사와 텃밭농사에 필요한 잔일은 거의 어머니의 손을 거칩니다. 한여름 밥맛을 돋구어 주는 동부콩이며 겨울철 최고의 간식 고구마나 일년 내내 김치에 넣어 먹는 생강농사는 나의 손을 하나도 보태지 않고 날로 먹습니다. 순전히 어머니의 노동에 힘을 입고 있다는 것이지요. 게다가 수확한 마늘이나 고추 등을 손보는 일까지도 상당수 담당해 주십니다. 그러니 여전히 진정한 농사꾼이시지요.

    농사꾼에게 최고의 권력은 농사일에서 나오고, 감당하는 농사일 만큼 큰소리를 내는 것입니다. 그러니 아직은 어머니께서 권력을 행사할 수도 있을 법도 한데 어쩐지 기력이 이전만 못 하십니다. 다른 집보다 농사일이 쳐지면 서두르지 않는다고 동동거리시며 식전 댓바람부터 언성을 높이시고, 농사구조가 달라진 것은 고려도 않고서는 여자가 할 일을 남자가 한다고 나무라시곤 하셨습니다. 무엇 때문에 화가 나셨는지 엉뚱하게 저녁밥이 늦다고 화를 내곤 하셔서 당황했던 적도 많은데 어쩐지 삶의 그 팽팽한 맛을 살짝 내려놓으십니다. 그러고서는 일이 늦어도 밥이 늦어도 그러려니 하십니다.

생각이사 달라졌을 리 만무할 것이고 아마도 기운이 쇠약해지신 탓일 것입니다. 조금 전 기억도 언뜻언뜻 놓치는 일도 잦습니다. 노기 어린 시어머니의 비위를 맞추는 일이 그리도 힘들고 싫더니 어느새 그 마음은 저 멀리 달아나고 애잔한 마음이 생깁니다. 생각없이 던지는 여러 말들도 무심히 들립니다.

그동안의 갈등이 주마등처럼 스칩니다. 이러고 말 것을 왜 그리 모질게 하셨냐고 앙갚음을 하고 싶은데 어쩐지 슬픕니다. 당신 또한 섬 산골로 시집오셔서 돌밭 일구며 홀시아버지 모시고, 자식들 키우시느라 얼마나 힘들었을까요? 그 힘겨움으로 말미암아 삶의 막바지에 당신 며느리에게 감정을 이입하셨던 게지요. 나, 너무 힘들었다고, 너도 얼마나 힘들겠냐고 다독거려 주셨으면 더없이 좋았을 마지막 세월을, 그 여유가 없어 당신도 나도 아픈 시간을 보냈네요. 대개 우리의 어머니가 걸어왔던 것처럼요. 어머니께서 인정하던 말던 이제 내 세상쯤 되어 갑니다. 우리집 권력에 변동이 생기는 것이지요. 그러면 나는 어머니께 서러웠던 지난날을 탓하지 않고 내일을 바라보며 가정의 화목과 가족 구성원 저마다의 행복을 바라보고 잘 살아 갈 수 있을까요? 그리해야 되겠지요?

지난 지방선거에서도 엄청난 권력의 변화가 있었네요. 그렇더라도 농민들에게는 높기만한 권력의 문턱이 더 낮은 데로 임해야, 농민들이 힘들고 불안한 이 시대를 풍요롭게 만들 수 있지 않겠습니까? 정세와 국민들 눈높이의 변화에 힘입어 주어진 권력의 이동에 자만하지 말고 국민들의, 농민들의 어려움을 헤아리며 문제를 해결하고자 해야겠지요. 쉽지는 않을 것입니다. 그래도 지역에서부터 같이 머리 맞대고 살길을 찾아봅시다. 달라진 권력은 방법도 달라야 하지 않겠습니까?

기초연금 수령, 미안해하지 마세요

2018년 9월부터 기초연금이 월 20만 원에서 25만 원으로 오른다고 하지요? 동시에 5세 미만의 아동들에게는 월 10만 원 아동수당도 지급된다 하네요. 육아에 대한 부담 때문에 아이 낳기를 주저하는 젊은이들에게나 나이 드신 분들의 노후생활이 윤택할 수 있도록 국가가 힘을 쓰는 모양입니다. 두루 좋은 일이지요.

내년도 정부 예산안이 통과된 다음 날의 뉴스는 온통 기초연금과 아동수당 얘기였고 또 그만큼 지역에서도 관심이 많습니다. 여러 명목으로 돈이 더 지급된다 하니 혜택을 받는 사람들도 그렇거니와 세금을 내는 사람들도 관심이 많이 생겨나는 모양입니다. 암요, 그것도 좋은 일이지요. 국민들이 나라 살림에 관심을 가지는 것은 백번 천번 지당한 일입니다. 세금을 누구에게 얼마나 어떤 방식으로 걷는지, 또 그 세금을 누구에게 어떻게 쓰는지를 똑똑히 지켜보는 것이 납세자의 진정한 의무인 셈이지요. 동서고금을 막론하고 세금 때문에 유명을 달리한 나라가 얼마나 많습니까? 과도하게 걷힌 세금이 지배층의 향락과 영토확장을 위한 전쟁비용으로 쓰이기 일쑤였고 그런 만큼 저항이 거셌던 것이지요. 대륙과 대륙을 지배하던 그 큰 제국들도 결국에는 문란해진 세금에 저항하는 민초들의 봉기로 멸망한 역사를 무던히도 보아 왔습니다.

그런데 말이지요, 어쩐지 기초노령연금에 대해 곱지 않은 시선들이 있습니다. 그것도 이 농촌 지역에서 농민들끼리 말입니다. 더 일할 수 있는데 노령연금이 나오니까 일을 안 한다는 말들, 집이며 논도 있는 사람들에 왜 돈을 주는지, 돈 줘도 안 쓰고 모으기만 하는데 왜 국민들이 낸 세금을 허투루 쓰는지 모르겠다는 말들을 합니다. 그럴 때면 노령연금을 수령하는 어르신들은 민폐를 끼친 것처럼 미안해하며 노령연금 대신 애들 급식이나 제대로 주면 좋겠다고 겸연쩍게 말씀하십니다. 그도 그럴 것이 무상급식문제가 지역의 커다란 이슈였던 까닭에 던지는 말이겠지요. 노령연금에 대한 현장의 인식이 이렇게도 척박한 것은, 농촌 지역의 만연화된 빈곤 문제로 인해 더욱 심각한 노인빈곤 문제를 일상적인 것으로 보기 때문이겠지요. 안타깝게도 말입니다.

오늘날과 같은 국가발전이 현재의 노인들이 젊은 시절에 자신들을 희생했던 결과이고, 때문에 그들은 준비 없이 노후를 맞게 되었으므로 국가가 사회적 보장을 한다는 의미로 기초노령연금을 만들었다지요? 그 의미를 제대로 살리려면 노령연금 증액과 더불어 그 뜻을 제대로 알려야겠습니다. 처지가 곤란한 사람끼리 서로를 탓하는 일이 없도록 말입니다. 지금처럼 성장만을 강조하는 사회에서 약자를 돕고 연민하는 일은 쉽지 않겠지요?

날이 새자마자 면 소재지의 작은 병원 앞이 붐빕니다. 혈압약이며 당뇨약 처방을 받는 것은 물론이고 농사일에 뼈근해진 몸 구석구석을 물리치료 받으려고, 또 각자 남는 농산물을 물물교환까지 하는 장마당이 되는 곳이 면 단위 병원입니다. 기실 어르신들을 제일 반기는 곳이기도 하지요. 고객(?)이니까요. 일하는 재미 말고 다른 그 무엇을 즐기며 살 기회도 적었을 것이고 또 한 뼘도 벗어나기 어려웠던 삶의 테두리도 다른 삶에 대한 상상을 해보지 않았던지라 틈나면 일하고 틈내서 병원에 가는 정도의 일상을 보내십니다. 그러니 새삼스레 세상을 향해 불평도 의존도 하지 않을 것입니다. 그저 당신들이 부지런히 살아왔던 것처럼 하루하루를 맞이할 따름이겠지요.

요즘처럼 사납게 추운 날에도 이른 아침 병원 앞은 여전히 분주합니다. 병원문을 열려면 한참이나 남았는데 버스 시간에 맞춰 면소재지에 도착하다 보니 마땅히 안전하게 머물 곳이 없습니다. 그러고는 병원에서 가까운 농협 현금자동지급기 코너에서 종이 상자를 찢어서 방석으로 삼고 옹기종기 모여앉아 병원이 문열기를 기다리는 분들도 계십니다. 찬바람을 피할 곳이 거기뿐이니까요. 그러고는 현금을 인출하려고 들어서는 사람들에게 어찌나 미안해하던지, 소득 3만 불 시대에 걸맞게 농촌 노인들의 아침 풍경은 참 주체적이지요?

스마트폰맹 시대

    이곳 남해는 농지가 좁아서 농가당 경지면적이 육지의 절반 수준입니다. 하지만 다행스럽게도 겨울 날씨가 따뜻해서 월동농사가 가능합니다. 그러니 밭이든 논이든 이모작 농사를 하고 그것이 우리 지역 농사의 최고 경쟁력입니다. 하다 보니 봄에는 마늘 수확과 모심기가 겹치고, 가을에는 나락 수확과 동시에 마늘과 시금치 파종을 해야 하므로 봄가을로 전쟁을 치르다시피 합니다. 요즘은 한나절에도 농사일이 진도가 팍팍 나가서 하루 일이 표가 많이 납니다. 오뉴월 품은 사흘 안에 갚아야 한다던데 이곳의 품은 구시월 것도 그 값을 합니다.

    올해는 추석 전에 비가 너무 많이 내려서 집집마다 논을 말린다고 고생을 했습니다. 겨우 논을 말렸는가 싶은데 며칠 전에 또 얄궂게도 비 예보가 있었습니다. 다들 비가 내리기 전에 조금이라도 일을 더 많이 해 내려고 부산하게 움직였습니다. 덜 마른 짚을 걷는가 하면 질퍽한 논을 쏠고 다니느라 사람도 기계도 생고생을 했습니다. 그러던 차에 TV의 일기예보와는 달리 스마트폰의 일기예보는 비가 없다고 했습니다. 비 때문에 걱정이 많다가 다행이라 여기며 우리는 거침없이 일을 계속했습니다. 비 예보에도 아랑곳하지 않고 일을 계속하는 우리를 보신 이웃 어르신께서, 비가 온다는데 타작을 하면 어쩌냐고 염려를 하셨습니다. 스마트폰의 상세한 지역 일기예보에는 비가 안 내린다고 했다니까 그제야 안도를 하시며 어르신께서도 허시던 일을 계속하셨습니다. 그러면서 요새 젊은이들은 스마트폰인가 뭔가로 뭘 많이 보고 듣는다면서 부러움 반 시샘 반으로 끝말을 흘리셨습니다.

 맞습니다. 마침 요새는 정보의 시대인지라 손 안에서 세상일을 다 훑으며 돈 거래까지 하는 세상입니다. 편리하기 짝이 없습니다. 그런데 그것이 모두에게 공평하게 작동하는 것이 아니라 사용할 줄 아는 사람들에게만 제공되는 편리함입니다. 휴대전화 화면 곳곳을 손가락으로 툭툭 건드리거나 밀면 온 세상이 접속되는데 이것이 쉬운 것 같으면서도 어렵습니다. 한 번만 톡 건드려야 하는데 길게 눌러져서 엉뚱한 지시가 내려지는가 하면, 두 번 세 번 연달아 건드리게 되어 원래의 지시대로 움직여지지가 않습니다. 둔해진 손놀림에 조작하기가 어려운 것입니다. 용어도 낯설고 복잡합니다. 간혹 기계조작에 관심이 많고 배움이 남달리 빠른 분들은 손쉽게 사용하시지만 대부분 어려워하십니다. 그러니 스마트폰을 잘 사용하는 것도 능력이고 때로는 권력이 되니 자랑삼아 사람들 앞에서 스마트폰 조작을 해 보이는 어른들도 계십니다.

 한때 정보화 교육이라는 이름으로 면사무소에서 컴퓨터 교육을 하던 때가 있었습니다. 그 시절도 잠시이고 이젠 스마트폰으로 뭐든 하는 세상입니다. 컴퓨터 사용도 쉽지 않지만, 스마트폰도 역시나 농민들에게는 좀 먼 이야기입니다. 젊은이들이야 신종 기기가 나오면 그것을 갖는 것조차 능력인 양 으스대지만 새벽부터 저녁 늦게까지 뼈 빠지게 일하는 농민들에게는 사치도 뭣도 아닌 그냥 남의 나라 일이나 한가지입니다. 휴대전화를 들여다보며 음악 듣고 영화 보고 금융 거래하며 뉴스 듣고 할 틈이 없습니다. 그러면서 정보와 더욱 멀어집니다. 세상으로부터의 소외는 이렇게 다가옵니다. 세상의 중심에서 누구보다 치열하고 값지게 살아가는 농민들이 세상의 변화와 무관하게 살아가게 되는 것이지요. 개인의 문제라구요? 모든 것을 개인의 문제라 한다면, 정책도 세금도 필요 없겠지요. 허나 세상은 엮여 있고 주변사람들과 함께 살아가는 곳이니 좋은 것도 같이 나눠 쓰고 소문도 같이 듣고 비슷하게 알아갈 때 덜 소외받는 것인데 정보로부터의 소외가 갈수록 심해집니다. 이 상태로 가다가는 스마트폰맹이 문맹보다 더 심각해질 것입니다. 농민들이 이러할진대 여성농민들에게는 더한 문제겠지요? 첨단 기계를 만드는 일도 어렵지만, 그 사용에 소외가 없도록 하는 일은 어려운 문제인 듯합니다. 그렇더라도 뒷짐지고 모른 체할 수는 없는 일이지요. 세계 제일을 자랑하는 전국 초고속 광통신망의 명예가 부끄럽지 않도록 말입니다.

어머니, 저녁에는 통닭 시켜 먹어요

올해 날씨는 별스럽게도 지역 간의 차이가 큽니다. 가문 지역은 한없이 가물고 이곳은 또 쓸데없는 비가 잦습니다. 봄에도 그렇더니 가을까지 그렇습니다. 농촌에는 맑은 날에는 두말할 것도 없거니와 비가 오면 비가 오는 대로 할 일이 있습니다. 비가 내리는 통에 바깥일은 못하고 이즈음 창고 안에서 마늘 종자를 손보게 됩니다. 가을비가 차락차락 내리는데 손만 놀리다 보니 지루하기도 하고 역시나 비가 내리면 뭐가 먹고 싶은 것이 많아집니다. 언젠가 양돈협회 관계자분의 말씀이, 비가 내려 햇빛 에너지가 부족해지면 몸에 칼로리 공급을 더 많이 해줘야 한답니다. 그러니 비 오는 날 먹고 싶은 것은 청량한 과일보다는 비교적 열량이 높은 음식이라는 것입니다. 그래서 예전부터 그 나름 손쉽게 해먹을 수 있던 열량이 높은 음식이 전이었으니 그로 하여 비 오는 날에는 파전이나 빈대떡 등 나름 기름진 음식 생각이 간절한 것이라고 했습니다. 그러면서 덧붙이기를, 파전보다 열량이 높은 돼지고기 수육을 해 먹으면 더 기분이 좋아진다며 돼지고기 소비를 권하던 생각이 났습니다.

얼추 맞다고 여겨서는 생각을 그쪽으로 기울어지게 저장을 했나 봅니다. 비 오는 날 그 생각을 떠올렸으니 말이지요. 같이 일하던 어머니께 슬쩍 통닭을 시켜 먹는게 어떠시냐고 했더니 어머니께서 정색을 하셨습니다. 입이 하자는 대로 하다가는 살림을 망친다며 예의 그 '살림론'을 주장하시는 것이었습니다. 암만요, 그러셨을 테지요. 여성의 욕망은 금기되던 시대를 사셨으니 비오는 날이나 한겨울 밤의 주전부리도 어른들의 눈치를 보셨던 것이겠지요. 풀남새 먹거리가 아닌 구태여 돈을 들인 고기 종류의 간식거리라 더욱 그렇겠지요. 그렇게 말 못 하고 참고 눈치 보고 살았던 세월이 이젠 몸에 익숙해진 것이겠지요. 어머니께서 말씀하시면 다소곳이 그대로 따르면 좋을 것을, 이에 질세라 철없는 며느리는 어머니께 어북 아는 척 대거리를 합니다. 비가 내릴 때는 뭔가를 좀 먹어줘야 기분이 좋아진다는데요? 라고.

어머니와 말씀을 나눌 때는 여러 가지를 생각해야 합니다. 감정 상태에 따라 표현법이 다르고 마음 쏠림에 따라 입장에 차이가 나기 때문입니다. 똑같은 말에 대해서 반응이 정반대일 경우가 많으니까요. 아마도 당신의 감정이나 생각대로가 아닌 세상의 잣대에 맞춰 살아왔기 때문이겠지요. 게다가 노화된 몸의 기운도 들쭉날쭉하다 보니 생각도 말도 방향을 달리하기 일쑤인 것이지요. 그렇게 세상의 기준을 중심으로 살아오셨으니 얼마나 스스로 누르고 돌리고 참으며 살아 오셨겠습니까? 어머니의 어머니, 그 어머니의 어머니, 더욱더 어르신들도 그렇게 살아왔던 것이겠지요. 여성들에게 인심이 박한 남성 중심의 가부장적 사회에서 '어머니'로 산다는 것은 더한 고충이 따랐을 법합니다. 그래서 다른 나라에는 없는 병이 있다 하니 그 이름이 '화병'이랍니다. 이 신경증은 참고 참아서 생기는 병인데 장님으로 삼 년, 벙어리 삼 년, 귀머거리 삼 년으로 시집살이를 참고 살라고 가르친 까닭이기에 우리나라에만 있는 독특한 병인 것입니다. 어린 여성이 참아서만 생기는 가정의 평화라면 언젠가는 터질 일시적인 것이겠지요. 가족이라면 누구든지 입장과 감정을 존중받아야 할 텐데도 말입니다.

내가 나이가 들면 어머니처럼 살 수 있을까 생각해보면 그러기는 힘들지 싶습니다. 주변 사람들과 섞여 사는 지혜도 부족하고 다른 사람들에 대한 정성도 부족합니다. 하지만 다른 사람들에 대한 정성만큼 스스로의 감정과 생각을 존중한다면 세상이 급변해도 심경이 덜 복잡할 듯합니다. 세상으로부터의 소외감도 좀 줄이들 터인데 말입니다. 나는 이만큼 참고 살았는데 너희들은 왜 그러냐는 원망 대신 균형감이 잡히겠지요.

아, 그런데 자존감은 스스로 높아지는 것은 아니라, 곁에서 존중하고 지지해 주어야 된다고 하지요? 농민 값이 똥값인 세상에 농사를 지으며 평생을 살아오신 당신의 삶은 정말로 훌륭하다고 지지해도 가정 내에서 만으로는 어려운 숙제인 듯합니다. 세상과 함께 박자가 맞아야 할 일이지요.

어머니를 대할 때 나의 감정 또한 들쑥날쑥합니다. 고달픈 여성농민으로 살아왔던 그 세월을 생각하노라면 당신이 내게 부리는 투정도 이해 못 할 것이 하나도 없지만 어머니의 태도에는 은근히 예전 세상 사람들처럼 며느리를 하대하는 습관이 있으니 그 사이에서 왔다갔다 합니다. 오늘 저녁에는 야참으로 꼭 통닭을 함께 먹을 셈입니다. 스스로의 욕구에 조금은 다가서려고 말입니다.

6장

도자씨를 응원합니다

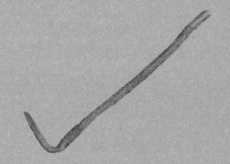

도발적인 도자씨, 사랑해요

    사면이 바다가 둘러싸인 섬마을임에도 우리 동네는 바다가 멀어서 간혹 흐린 날이라야 인근 부두에서 울리는 뱃고동 소리가 들립니다. 바다에 가려면 자동차로 10분은 움직여야 하는, 그야말로 바다가 품고 있는 조용한 산골이지요. 그러다가 우연찮은 기회에 농한기 한 철에 바닷일을 하게 되었고 드디어 올해는 처음으로 바지선 위에까지 진출하는 기회를 만났습니다. 바다의 바닥양식사업이 풍년이라 새조개나 피꼬막, 꼬막이 많이 잡혀서 그것을 선별하는 여성의 손이 많이 필요하다고 요청이 온 것입니다. 농촌이고 어촌이고 간에 일손이 없으니 한 번도 그런 일을 접해보지 않은 나에게도 요청이 온 것이지요.

    평소 공동체 언니들이 바다의 바닥양식에서 키운 조개를 잡을 때 '그물을 끈다'라고 말을 하고는 했는데, 도대체 그게 어떤 작업인지 궁금하기도 했고 더불어 쏠쏠한 돈벌이의 유혹에 새벽 바다에 나가보게 된 것입니다. 넓고 촘촘한 쇠스랑 같은 쇠갈고리에 그물을 연결해서 두 척의 배가 바다를 쓸고 다니다가 동력 도르래로 바다를 끌어 올려서 바지선에 부어주면 일꾼들이 종류나 크기별로 선별하는 작업을 하는 것입니다. 그래서 그물을 끈다 라고 했나 봅니다. 바닷일은 육지와 달리 바람과 파도의 영향을 많이 받고 그것을 배 위에서 작업해야 하므로 늘 위험이 따릅니다. 그러니 매 순간 집중하지 않으면 안전사고가 나기때문에 바다에서 일하는 사람들의 긴장감은 육지의 그것과 한참은 달랐습니다. 무엇보다 바다 상태와 배의 상황에 따라 빨리빨리 엔진 소리보다 큰

소리로 서로의 신호를 읽어야 하니 바다 사람들이 거칠고 목소리가 큰 것입니다. 그동안 바다 가까이 살면서도 바다 일을 제대로 몰랐다는 생각에 미안했고 이런 과정을 통해 생산되는 조개류가 달리 보였습니다. 농사만 힘든 게 아니고 이렇게 고된 일을 누군가가 해왔던 것이었구나 하는 마음에 함께 일하던 분들이 더없이 존경스러웠습니다. 하긴 역사상 전 세계적으로서 농민이 최고 권력자가 된 사례는 무수하게 많아도 어민이 최고 권력자가 된 경우는 없다 하지요? 해산물이 그 많은 사람의 영양을 보충시켜오고 입맛을 지켜왔음에도 말이지요. 어민에 대한 고마움은 입이 마르도록 칭찬해도 아깝지 않음을 배운 시간이었습니다.

거기에서 산전수전 다 겪어 삶의 지혜가 온몸으로 뿜어져 나오는 중로의 여성분을 만났습니다. 이름하여 도자씨, 75세쯤 되신 분입니다. 일본에서 태어나서는 길자로 불렸으나 같은 이름의 마을친구가 어린 나이에 죽는 바람에 혹여 이름을 부를 때, 그 부모님이 죽은 딸이 생각날까 봐 같은 뜻의 한자어인 길 도(道)자를 넣어서 '도자'라는 이름으로 바꿔 주셨답니다. 아이의 이름에도 이웃을 배려하는 섬세함이 들어 있지요. 일단 여기서부터 감동을 한 번 받았습니다.

이 분이 원래는 산골짜기 우리 마을로 시집을 오셨더랍니다. 그런데 결혼한 지 1년 만에 남편이 입대를 해버려서 남편 없는 시집살이를 자그마치 5년 동안이나 하게 되었다 하네요. 그 시절에는 군대 복무기간이 5년이었다고 합니다. 남편도 없는 홀 결혼생활 4년 차에 들던 어느 날, 밭으로 점심 도시락을 싸가서 온종일 풀을 뽑는데 그 힘겨움이 말을 못 하겠더랍니다. 그 밭에서의 풀 뽑기가 닷새째 되던 날, 도저히 이렇게 살 수는 없다 싶어서 해가 지기를 기다렸다가 그 길로 산길을 넘어 친정집에 갔답니다. 이른바 가출. 그때 그 시절에 과감히 가출을 감행한 도발(?)에 놀라 얘기를 듣던 우리들은 대단하다고 환호성을 질렀습니다. 이어지는 얘기로는 시어른들께서 친정집으로 달려와서 설득하고 친정 부모님께서 거드는 바람에 할 수 없이 시댁으로 다시 갔으나 역시나 시집살이는 고됐다고 합니다.

　어느 날 들일을 마치고 점심을 먹으러 집으로 들어서는데 술을 좋아하시는 시아버지께서 대낮부터 술이 올라 고함을 치셨더랍니다. 왜 소고삐를 제대로 안 묶었냐고 호통을 치는데 술만 드시면 억지를 부리시는 까닭에 하도 억울해서 "아버님, 우리도 일하고 와서 정말 힘이 듭니다"라는 대거리를 했더니, 시아버지께서 노발대발하셔서 친정에 가라며 차마 못 전할 말씀을 하시더랍니다. 여기서 다시 한번 청중들의 놀라운 감탄이 터져 나왔습니다. 어찌 그때 그 시절 젊디젊은 며느리가 시어른께 말대답할 용기가 있었냐고, 안 쫓겨났냐 했더니 그날 저녁에 아버님께서 술이 깨자 조용히 부르셔서는 미안하다고 하셨답니다. (이 대목이 상징하는 바가 큽니다. 가끔은 이렇게 맞짱뜨는 것이 서로 간의 발전을 가져 온다는… 그 과정은 힘겹지만) 그러고도 여러 사건이 있었으나 일을 야무지게 하면서도 할 소리 하는 똑 부러진 며느리를 오히려 사랑해주셔서 남편이 제대하자 분가를 했다 합니다.

　제대한 남편분이 자개농 만드는 기술을 익히자 그동안 모은 돈에다 친정에서 빌려온 돈을 합쳐 문집을 내서 큰 어려움 없이 기반을 잡을 수 있었답니다. 문제는 돈을 많이 버는데도 도자씨에게 돈을 주지 않더랍니다. 나도 다른 일꾼 못지않게 일을 하니 급여라 치고 돈을 달라고 하니까, 준다고 말만 해놓고서는 아니 주더랍니다. 살림을 하다 보면 남편과 상의하지 않고서도 돈을 쓸데가 얼마나 많은지 아는 사람은 아는 것 아니겠습니까? 특히 딸아이를 키우고 있는 집은 더 그렇습니다. 돈을 주지 않으니 내 돈은 내가 벌어쓰겠다고 선언을 하고서는 조개를 깐다, 굴을 깐다며 자신에게 직접 소득으로 연결되는 일을 하시게 되었다고 합니다. 때로 조개를 까다가 밤 12시가 되어 집에 들어가면 밀다고 문을 걸어 잠궈서 옆집에서 잠을 잔 적도 있다며 그 시절의 어려움을 들려주셨습니다. 참으로 강단 있는 분이지요. 자신의 요구에는 일체의 타협도 없이 스스로의 길을 개척해 오셨으니…. 자그마한 키에 어디서 저런 힘이 넘쳐날까 싶어 이야기를 듣는 도중에도 도자씨 얼굴을 빤히 쳐다보며 배시시 웃고는 했습니다.

　세상에는 도자씨와 다른 성격이 많습지요. 말없이 궂은 일 좋은 일 가리지 않고 도맡아 하며 자리를 빛내는 분, 경쾌한 기운으로 분위기를 한껏 돋우어 주시는 분, 경직됐지만 책임감 강한 분 등 여러분들이 계십니다. 그분들 각자 자신의 방식으로 깨달음을 얻어서는 한평생 멋진 삶을 일구어 오셨고, 또 깊이 사귀어 보면 다들 멋지십니다. 그래도 가장 중요한 일을 하는 여성농민들은 좀 더 도발적이면 좋겠다는 생각입니다. 너무 힘든 일, 너무 아픈 일을 다 보듬지 말고 나도 힘들다고, 같이 하자고 도자씨처럼 도발적이고 볼 일입니다.

남동생 뒷바라지 그만해라

　겨울 가뭄이 극심하더니 때맞춰 봄비가 제법 굵게 내립니다. 너무 메말라서 월동작물들의 자람이 걱정되던 통에 반가운 봄비가 내리니 값으로 치자면 억만금은 될 성 싶습니다. 이제 땅속 것들도 부랴부랴 새순을 뾰족뾰족 내밀 것입니다. 나물 캐는 처녀도 없고 나무하는 총각도 없으니 봄바람에 겨운 연정이 싹틀 리 만무하지만, 농민들에게 봄은 언제나 그렇듯 경쾌하게 시작됩니다. 이 비가 내리고 나면 마을 안길에는 이른 아침부터 경운기 소리가 울려 퍼지겠지요. 겨우내 구상해 온, 여느 때와 다름이 없음에도 새로운 기대를 주는 농사를 하나둘 시작해 볼 참이겠지요. 겨우내 마을회관에서나 마주치던 마을 분들을 이제는 들판에서도 만나게 됩니다. 작은 동네에서 마을 분들과 만나 잠깐의 인사를 나누는 것도 즐거운 일이지요. 짧은 인사를 나누면서 많은 것을 헤아리게 됩니다. 낯빛과 목청으로도 기운을 읽고 심기를 알게 되는 것이지요. 그러니 인사는 인사 그 이상의 것인 셈입니다. 그중 유독 반가운 어머니가 한 분 계십니다.

　이 분, 지혜로움이 남다르십니다. 이제는 다 커버린 자식들이 아직 어릴 때, 맏딸이 남동생과 함께 타지에서 자취 생활을 했답니다. 넉넉지 않은 살림에 하숙을 못 시켰던 것이지요. 시골 살림에 두 아이를 유학시키는 것만도 대단한데 하숙까지 시키려면 웬만한 형편으로는 엄두를 못 내던 시절이었습니다. 두 아이가 같이 고등학생이었는데도 맏이가 딸이라고 아침마다 도시락을 몇 개씩 싸며 고생을 했다 하지요. 어머니께서는 그것이 못내 안타까워서 대학 보낼 때는 아들과 딸의 대학 지역을 다르게 선택하게 했다 합니다. 더는 남동생 뒷바라지 하느라 고생하지 말라는 뜻으로요. 그때는 누나나 여동생이 예사로 공장에 다니며 남동생이나 오빠의 등록금을 마련해주던 것이 다반사였던 시대였지요. 그렇게 가족들에게 당연시되던 딸의 헌신을 당연시하지 않았던 지혜로움이 그 어머니에게는 있었던 것입니다. 형편이 나아서? 그럴 리가요. 그 어머니, 일을 많이 해서 지금은 양쪽 무릎의 관절 수술로 짧은 거리도 보조기에 의존해서 걸어 다니십니다.

나 아닌 누군가가 나의 생활문제 해결을 위해 노동을 하는 것을 당연하게 느끼며 성장한 사람은, 나중에 어른이 되어서도 차별을 당연하게 느낀다고 하지요. 주변에서도 고생을 모르고 귀하게 자란 사람일수록 도리어 주변 사람을 안 챙기는 못난 위인들을 숱하게 봤으니까요. 내가 먹는 밥을 누군가가 차려주고, 내가 입는 옷을 누군가가 맵시 있게 준비해주고, 이부자리까지 살펴주는 누군가가 있다면 스스로 돌아봐야 하겠지요. 여자니까 이렇게 해야 되고 남자니까 그래도 된다는 것이 문제가 됩니다. 나와 남이 다름을 인정하는 것은 기본이지만, 그 다름이 남녀 간에, 노소 간에, 장애와 비장애가 구분되어 역할을 고정되게 하는 것을 차별의 시작으로 봅니다. 상황에 따라 서로의 처지를 인정하는 것, 그래서 각자가 소외받지 않도록 하는 것이 성숙한 인간의 출발이겠지요. 물론 어두운 세상을 힘겹게 살아오다 보니 서로 간의 처지를 미처 살피지 못했을 수도 있습니다. 그렇게 산 세월도 지나고 보니 많은 성과가 있었지만, 미처 가늠하지 못했던 것이 있다면 지금이라도 제대로 만들어 가야겠지요.

지금의 교육 기회야 그 옛날보다 평등해졌지만, 그 시대에는 학교도 세상도 가정도 불평등하기 짝이 없었으니 그때 딸아이의 당연한 헌신을 말렸던 어머니는 분명 차원을 달리하는 분이십니다. 앞장서서 여성의 권리를 주창하지는 않았지만, 조용히 가정 내에서부터 평등과 권리를 실천해 오셨으니 그 어떤 여성운동가 보다 뒤지시 않습니다. 그러고 보니 그 집 형제자매들의 우애는 남다르고 부모님께도 잘 한다고 소문이 자자합니다. 일철이면 멀리서 부모님의 일손을 돕기 위해 기꺼이 시간을 내고, 고향을 지키는 사람들에게도 다정하게 먼저 인사를 건네옵니다. 어머니의 지혜로움을 그대로 물려받은 듯합니다. 왕대밭에 왕대 나고 졸대밭에 졸대가 난다더니 딱 맞는 말이지요. 단아한 체구에 온화한 표정을 지니신 그 어머니, 마음속에는 불꽃을 지니셨으니 어쩌다 마주치게 되면 먼저 인사를 건네게 되고 반가움도 배가 됩니다.

40대 여성농민, 힘내라

　40대 농민의 유무가 농업의 지속성과 확장성을 가늠할 수 있는 척도라고 스스로 규정해보았습니다. 게다가 40대 여성농민은 가부장적인 농촌 문화 탓에 더더욱 생활하기가 어렵다고도 했습니다. 간혹 귀농자들 중에서도 부부가 같이 농사를 짓는 경우는 찾아보기가 어렵습니다. 농업기반이 덜 갖춰진 탓에 부부가 전업할 규모의 농사가 안 되는 까닭도 있고 또는 당장 현금 유동성을 위해 한쪽은 다른 부업으로 소득을 창출하려는 까닭이겠지요. 또 귀촌을 꿈꾸는 출향민들도 귀촌을 선언한 지는 좀 되었지만 서둘러 감행하지 않고 차일피일 미루는 경우도 봅니다. 내막을 들어보면 십중팔구 아내가 선뜻 결심하지 못 하는 까닭이 대부분입니다. 눈에 보이는 시골생활의 낭만과 여유와 달리 현실은 갑갑하고 막막하고 답답한 것이 많다는 것인 셈이지요.

　그러니 나를 빼고서 우리 면지역에 단 한 명 있는 전업 40대 여성농민을 사랑할 수밖에요. 못 하는 일이 없습니다. 축산업을 하는데 그녀는 매주 월요일마다 미생물 배양액을 받아와서 축사 주변에 뿌려주므로 냄새가 덜한 것입니다. 또 사료작물과 볏짚을 배합하는 작업도 척척 해내고, 설사병을 만난 송아지들은 우유와 이유식을 먹여가며 애지중지 키우는 통에 실패확률이 현저히 낮습니다. 남편이 트랙터 작업을 할라치면 미리 기름을 채워 넣어두고(그래야 얼쩡거리는 시간이 줄어들고 많은 일을 쳐낼 수 있어서이겠지요), 풀을 베는 날에는 톱날 상태에 대해서도 지난번의 기억을 떠올려 미리 말해줍니다. 축사를 관리하는 틈틈이 여름과 겨울에도 생활에 도움이 될 자그마한 농사, 가령 여름 고추나 겨울 시금치 등등을 심으며 1년을 하루같이 살아냅니다. 어찌나 바삐 움직이던지 그녀의 걸음은 굴신이 들어가 짧은 머리카락조차 찰랑거릴 정도입니다.

그런 그녀가 아주 가끔 우울해합니다. 말 안 해도 알 듯합니다. 시어머니와 시동생과 함께 생활하니까요. 아직 젊은 시어머니는 당신의 삶의 방식에 대하여 고집하실 테지요. 착하지만 어쨌거나 생활의 요구를 들어줘야 하는 시동생도 가볍지만은 않을 것입니다. 그런 날은 가까운 카페에 가서 이런저런 얘기를 하는데 역시나 이 자리에서도 조심스럽습니다. 혹시라도 시댁 흉보는 사람일까 봐, 집안 이야기 하고 다닌다는 소문날까 봐 조심스러운 것이지요. 좁은 지역사회가 다 알만한 사람들끼리이다 보니 낮말은 새가 듣고 밤말은 쥐가 듣고, 카페에서 나눈 말은 주변 사람이 쉽게 알아듣기 마련이니까요. 그러니 먼저 가족들 흉을 보거나 탓하는 소리를 않고 에둘러 오늘 이런저런 일을 했다 어쩐다 하다가 말미에나 가서야 최근에 속이 좀 상하는 일이 있었다고 언질을 던지는 것입니다. 그러면 나의 시집살이 중 어려움을 토하면서 정면돌파한 이야기를 과장되게 떠들라치면 그제야 자기 속도 후련해진다며 밝게 웃습니다.

만약 그 삶의 방식이 매 순간 그녀의 선택과 개입으로 이루어진 결과라면 그녀는 그렇게 힘들어하지 않을 것입니다. 일 자체가 힘들기도 하지만 그것보다는 일이 꾸며지는 과정에서 본인의 선택은 좁고 대신 대책 없이 주어지는 그 많은 일을 감당해야 하므로 버거울 것입니다. 아니 본인이 그렇게 야무지게 일을 하는 바람에 다른 가족들의 몫까지 그녀 차지가 되기도 할 것입니다. 그런 그녀에게 한국농업의 전망이 어쩌고 하는 나의 이야기는 뜬구름 잡는 소리일 뿐이겠지요.

굳이 그 젊은 친구의 이야기를 길게 늘어뜨리며 쓰는 까닭은 이것이 농촌에서 생활하는 젊은이의 한 모습이기 때문입니다. 아, 다른 이야기도 많이 들었습니다. 젊은 부부가 비닐하우스 농사일을 늘여서는 외국인 노동자 부부를 고용한 이야기, 그 임금을 감당하기 어려워 여름에도 하우스 일을 하며 비지땀을 흘린다거나 공사판에 일하러 간다는 이야기 등 참 기가 막힌 이야기들이 많습니다. 세상살이가 저마다의 무게가 있기 마련이고 그 곤란함을 헤쳐 나가며 살아가는 것이 곧 인생이라고들 하지만, 농사일과 그 주변의 일을 감당하는 젊은 농민들에게 이 삶은 한없이 무거운 것일 수밖에요. 더는 다른 선택을 할 수도 없거니와 그 안에서 한 발도 움직일 수 없는 버거움이 있습니다. 어디에서 희망을 만들어 내야 할까요?

바닷가 공동체 언니들

　아는 사람의 권유로 3년 전부터 인근 바닷가 마을 언니들과 겨울 공동 작업을 하게 되었습니다. 마늘 심기를 끝낸 직후, 11월 초부터 겨우내 굴 채취작업을 같이 하는 것입니다. 풍광이 좋은 남해바다를 감탄하며 구경만 하다가 막상 바닷일을 같이 하려니 보통 어려운 것이 아녔습니다. 굴을 까는 것도 손에 익지 않고 물때에 맞춰 자연산 굴을 채취하는 것도 쉽지 않았습니다. 물때를 맞추는 것이 보통 힘든 일이 아닙니다. 하루에 두 번씩 드나드는 바닷물의 시간에 따라 굴을 채취해 와야 하기 때문이지요. 물이 조금 빠진 깊은 곳의 굴이 여물고 맛나기 때문에 물때에 맞추려고 무던히 애씁니다. 물이 드나드는 그 세 시간 정도를 놓치면 작업이 안 되니까 매우 기민해지는 것입니다. 바람이라도 불어서 작업에 영향을 받을까 노심초사하는 것이지요. 그런 일을 도맡아 하는 대표 언니는 충분히 어촌계장을 해도 되련만 아쉽게도 전국에 여성어촌계장이 어디에도 없다 합니다. 진짜 불합리한 세상입니다.

　굴을 깔 때면 굴 쪼시개라고 하는 작업도구를 가지고 굴껍질의 이마 부분을 정교하게 때려서 알굴을 빼내야 하는데, 익숙하지가 않아서 내 손을 찍어 멍이 들기도 합니다. 남들은 두 개 깔 때 하나도 못 까며 버벅거리기도 했습니다. 입만 똑똑하지 된일은 못 한다고 할까 봐 뒤지지 않으려고 노력에 노력을 더해보지만 역시나 의지만으로 되는 일이 없습니다. 딱 그만큼의 무르익음이 필요한 것이지요. 바람이 불면 바람 분다고, 비가 오면 비 온다고, 바닷가가 얼어붙는 강추위에는 또 그 핑계로 쉬고 싶은데도 언니들은 군말 없이 척척 억척으로 일을 해냈습니다. 웬만한 바람과 추위에는 아랑곳하지 않고 각자 주어진 대로 또는 누군가의 빈 구석을 채워가며 공동 작업을 하는 것입니다. 그런 노동이 우리의 입을 풍요롭게 해주었네요. 마트에 가면 별별 종류의 해산물을 손쉽게 구할 수 있건만, 실상 그 어느 것도 손쉬운 것이 없으니 대체 우리는 눈밖의 일을 상상하기가 왜 그리 어렵고 인색한 것일까요?

그렇게 번 돈으로 지난 겨울에는 공동으로 아주 비싼 오리털 점퍼를 사 입기도 했습니다. 자식들이 사주면 모를까, 웬만해서는 내돈 주고 값비싼 옷을 사지 않음에도 공동비용이라며 용기를 낸 것입니다. 굴을 까다가 장화 신고 뻘이 묻은 옷을 입은 그대로도 당당하게 매장을 휘젓고 다녔습니다. 비싼 옷값도 그렇지만 큰 현대식 매장에 가노라면 까닭 없이 주눅이 드는 것이 또 우리네 모습입니다. 거울에 비치는 그 촌티가 자랑스럽고 영광된 것임을 세상이 온전히 알아주지 않으니 그런 것 아니겠습니까? 그렇게 혼자라면 엄두도 못할 소비를 여럿의 힘으로 해본 것입니다. 또 없는 짬을 내어 겨울 기차여행을 다녀오기도 했습니다. 눈을 보기 힘든 이 남도 끝자락에서 지난번에 산 두꺼운 점퍼를 입고서 겨울 구경을 간 것입니다. 저마다 간식 한 가지씩을 준비해서 곳곳에서 나누는 재미도 좋았거니와 집을 나선 그 자체로도 좋았습니다. 언니들은 잘 노는 것이 일을 잘 하는 것의 밑천이라는 것을 잘도 아나 봅니다.

누가 배워준 것도 아닐 것인데 오랜 시간 공동 작업을 하며 더욱더 지도력이 단단해지는 대표언니, 손이 빨라 일을 잘 하는 언니, 말재주가 좋아 끝없이 이야기를 실타래처럼 펼치는 언니, 노래를 잘 하며 분위기를 높이는 언니 등 저마다의 개성이 조화를 이루며 공동체가 굴러갑니다. 가끔 언성이 높아지도록 갈등이 불거지기도 하지만 단도직입적으로 문제를 제기하기도 하고 또는 돌려서 웃는 낯으로 달래기도 하며 모두가 공동체를 만들어가는 것입니다. 말하자면 여성 공동체의 전형을 보는 것입니다.

흔히 여성들의 모임이 잘 된다고 합니다. 각자의 개성을 전체의 분위기에 맞추려고 무지하게 노력한 결과겠지요. 서로에 대한 얼마나 많은 관찰과 생각과 실천이 조화로움을 만들어냈겠습니까? 이를테면 주위의 환경에 대한 감수성이 발달해 조화롭게 된 것인데, 이 또한 타고나서인지 노력한 결과인지 알 수 없지만 어쨌거나 그렇다는 것입니다. 아, 덧붙이자면 누군가가 말하기를 권력의 중심에 있게 되면 주위환경에 둔해지기 쉽다고도 했습니다. 그렇다면 언제나 주위환경을 고려해야만 했던 여성들이 오랜 시간을 그렇게 살아온 까닭이어서가 아닐까요? 어쩌면 맞는 말일지도 모르겠네요. 조금 있는 사람들이 남의 처지를 잘 모르는 것을 주위에서 흔히 볼 수 있으니까요.

바닷가 언니들과 함께 겨울 공동체 생활을 하며 많은 것을 배웠습니다. 어려운 일을 함께 하기에 서로의 힘이 필요하고 그래서 서로에게 맞추려고 애를 쓰며 만들어가는 공동체 생활, 이야말로 사람살이의 기본일 것입니다. 이렇게 건강하고 힘 있는 언니들을 만나게 된 것, 내 인생 또 하나의 복입니다.

민자이장님을 응원합니다

우리 면에는 23개 마을이 있고 스물 세 분의 이장님이 계십니다. 마을 이장 선출의 과정은 작은 선거입니다. 주민의 손으로 직접 뽑는 직접선거이고, 1가구당 1표를 행사하는 가구당 평등선거이며, 마을주민이면 누구나 제한 없이 참가하는 보통선거이자, 대개는 합의제로 선출하지만 경선일 경우에는 비밀로 투표를 하게 되므로 민주사회 선거방식이 그대로 적용되기 때문입니다. 경선으로 투표까지 가는 경우는 드문데 이는 세가 백중세이거나 양측 후보의 의지가 완강할 경우에나 하는데 보통은 마을주민이 극한대결로 가는 것을 원치 않는 어른들이 조정해서 만장일치로 선출하게 됩니다.

이장은 부녀회장과 달리 서로 하려고 합니다. 여러 가지 이유가 있겠지요. 행정에서 제공되는 온갖 정보를 1차적으로 접하므로 관계의 중심에 설 수 있는 힘이 주어집니다. 이것만큼 큰 권력은 없습니다. 게다가 마을영농회장으로 임명되어 농협과의 관계가 높아집니다. 마을 단위로 농산물을 출하할 때 검수작업을 책임지기도 하고 농협에서 제공되는 영농자재를 공급하는 담당자이기 때문입니다. 이러니 마을주민들이 성실한 이장, 편한 이장, 공명정대한 이장을 선호하겠지요. 이렇게 놓고 보면 이장직을 수행하는데 꼭 남성이어야 한다는 조건이 있는 것이 아닌데 암튼 남성들이 독식하다시피 합니다.

스물 세 개 마을 중 유일한 여성이장님, 민자이장님을 소개해 드립니다. 마을 가까에 살지 않아서 잘은 모릅니다만, 또 사람을 안다하여 얼마나 많이 알겠습니까? 남의 머리카락 개수를 다 세어본 적도 없거니와 간밤에 자다가 몇 번을 깼는지 다 알 수는 없지요. 사람을 안다는 것은 몇 가지 징표로 큰 구분을 하는 정도일테니까요. 우리의 자랑스런 여성이장 민자이장님께서 지난 연말에 큰 상을 하나 탔습니다. 우리 지역이 관광지다 보니 군수님이 경관조성사업을 경연방식으로 진행했나 봅니다. 민자이장님 마을이 이른바 제2새마을 운동의 일환으로 마을꽃길 조성 및 환경개선사업을 잘 해서 군으로부터 1등상을 탔다는 것입니다. 게다가 포상으로 거금 1천만원을 탔으니 경사 중의 경사인 셈입니다. 도대체 제2새마을 운동을 어떻게 했길래 1등상을?

 몇 일전 동네 형님들과 인근마을에 새로 생긴 농가형 레스토랑에서 유럽식 돈까스를 먹었습니다. 그 볕살 좋은 오후의 만남이 아까워 모두들 무언가를 하고 싶어할 때 누군가가 민자이장님의 마을방문을 제안했습니다. 다들 궁금하던지라 이른바 선진지 견학을 간 셈입니다. 마을입구에 들어서자 해변경치를 조망할 수 있도록 배모양을 한 전망대를 설치해 두었고, 그 주위에 꽃이 피었던 흔적들이 남아있었습니다. 마을회관 옆의 벽에는 귀촌한 화가의 손을 빌려 벽화를 그려 놓았고 마을 길 옆의 커다란 공터에 있던 그물을 다 치우고는 돌탑을 쌓고 꽃밭을 조성하여 관광객들의 쉼터로 만들어 놓았습니다. 길가의 장식품들은 선구(배에 쓰이는 도구)를 재활용하여 가꾸었습니다. 솟대를 만들어 칠하고 대나무를 세우고 잡풀을 제거한 것이 보통 손이 많이 간 것이 아니었습니다.

 민자이장님을 수소문 하여 찾아가니 마을의 할머니댁에서 여러 어르신들과 함께 쉬고 계셨습니다. 쉬는 시간도 혼자 사시는 할머니들과 어울리고 있었던지라 그것 또한 보기 좋았습니다. 마을가꾸기 사업에 대해 이것저것 여쭤보니, 사람 손이 보통으로 많이 간 것이 아니라고, 우리 이장이 정말 고생을 많이 했다고, 꽃이 있을 때 왔으면 참 좋을텐데 이제 보러 와서 뭐 볼거나 있냐며 이장 자랑이 이만저만 아니었습니다. 어떻게

이 일을 해냈냐고 하니까, 주민 다섯 명이 수시로 마을을 가꾸기 위한 아이디어를 내고 솔선수범하니 온 마을 사람들이 함께 힘을 모으게 되었다며 자랑을 하셨습니다. 분명 상을 타려고 마을을 가꾼 것은 아니었을 텐데, 어찌 저렇게 열심히 마을을 가꾸었을까? 해오던 일도 아니고 새로이 개척하는 일을, 자기 일이 아닌 마을 일에 사람들의 마음을 설득하기가 얼마나 힘들었을까? 돌아오는 길에 혼자 희죽희죽 웃었습니다. 아마 저 일, 여성 이장이라서 가능했을 것이라고 되뇌었습니다. 암만요.

한국의 당당한 여성농민으로

일전에 농민단체 행사에 다녀온 적이 있었습니다. 역시나 사람이 모이는 곳이면 음식이 있고 음식이 있는 데에는 여성들이 있는 법, 천막 아래서 술을 마시고 있는 남성들과 달리 여성들은 옹기종기 모여 떡이며 과일, 잘 삶긴 고기를 보기 좋게 담느라고 분주했습니다. 집에서와 똑같이 행사음식을 담당하는 사람이 꼭 여성이라는 것에 불만스러워도 현실이 그러하기도 하거니와 또 힘든 일을 하는 사람들과 일을 나누고자 손을 보태러 갔습니다. 처음 보는 분들이 음식준비를 열심히 하고 있어서 다가가서 인사를 하려는데 자세히 보니 결혼 이주 여성농민이었습니다. 우리말이 온전하지는 않았지만 손놀림과 자세는 전형적인 우리네 여성농민이었습니다. 언제 우리 문화를 그렇게 익혔는지 궁금하기도 했고 또 미안함도 있었습니다.

2014년 통계자료에 의하면 농림어업 종사자 중에서 결혼을 한 남성은 4,726명, 여기서 외국인 여성과 결혼한 남성은 877명입니다. 20%가 넘는 숫자이지요. 국제화 시대에 글로벌하게 외국인 여성과 결혼하는 것이 어제오늘의 일이 아니지만, 복잡한 사정이 달라진 것이 없으니 심경은 더 복잡할 수밖에요. 외국 출장이 잦고, 일 년에 한 번 이상은 해외로 나들이 가는 것이 보통인 세상, 자녀들이 예사로 어학연수를 간다거나 유학을 가는 것은 이제 자랑 축에도 못 끼는 시대이지만 국제결혼만큼은 여전히 기피하고픈 것이 현실입니다.

결혼하는 남성도 경제적 부담이 만만치 않고 지역사회 안에서도 약간의 심리적 위축이 따르기도 합니다. 또 평생을 농사지으며 열심히 산 대가로 외국인 여성을 며느리로 맞이하는 농촌 어르신들의 당황스러움 또한 마찬가지이며, 무엇보다 낯설고 물선 곳에서 그 많은 부담을 떠안고 살아가야 할 이주 여성농민의 처지야 두 말 할 나위가 있겠습니까? 그 모두가 한국농업의 현주소를 반영하는 것이지요. 우리나라가 동남아시아 여느 국가보다 경제가 발전했다 하니 한국에 가서 사는 것이 차라리 낫겠다 싶어 왔을 것입니다. 하지만 한국의 여성농민으로 살아가는 것이 꿈꾸던 삶과는 얼마나 다른 것인지 미처 몰랐을 것입니다.

본디 사람은 생활의 곤란함으로 인한 날선 감정이 약자에게로 향하는 법, 남편과 시댁 어른들의 구박 아닌 구박에 결혼생활이 몹시 곤란할 것입니다. 게다가 여성이 생활의 많은 것을 감당해야 하는 우리네 야릇한 농촌문화까지 겹쳐서 적응하기가 퍽도 어려울 것입니다. 그러니 결혼한 여성들이 훌쩍 떠나는 이가 많다지요? 사람들은 그녀들의 뒤통수에다 뭐라고 말을 해 댄다만 사실 살아남는 것이 떠나기보다 어렵다는 것은 누구나 알고 있습니다. 우리나라 농민들도 다 떠나고 노인들만 지키는 농촌을 당신들이 뭐 하려고 굳이 지키겠습니까? 유럽 국가들의 수준 높은 삶도 알고 보면, 수백 년에 걸쳐 남의 대륙을 침략한 대가라고들 하지요. 우리나라의 경제력도 온전히 우리나라 자체의 성과이겠습니까? 다른 나라의 값싼 원료를 가공해서 수출한 성과이니, 값싼 원료생산의 주역인 동남아 국가의 경제후진은 어찌 보면 우리의 부담도 있는 셈입니다. 세상은 글로벌하게 돌아가는데 생각은 선진과 후진이 뒤죽박죽 섞여서 복잡합니다.

그래도 남편과 농민단체 행사에 함께 나오는 이들은 보기가 좋습니다. 고생과 보람을 같이 나누려는 것이니까요. 하고 보니 그녀는 우리네 농촌의 안주인 같은 느낌을 물씬 풍겼습니다. 인심 좋고 손 크며 챙길 사람 다 챙기는 전형적인 여성농민의 모습 말입니다. 굳이 연민할 이유도 없습니다. 기울어가는 우리 농업을 떠받쳐 내는데 고맙고 또 고맙지요. 그래요, 그렇게 살자고요. 열심히 일하고 큰소리도 치며 생명을 일구는 한국의 당당한 여성농민으로!

여성농민 공동체, 희망의 증거

　올해도 어김없이 바다 일을 합니다. 겨울철에 농사일이 많지 않은 틈을 타 굴을 채취하고 까서 직거래로 판매하는 것이지요. 8가구의 여성농민이 주가 되어 조합방식으로 운영합니다. 바다는 오로지 풍광용이라 여기던 나는 산골사람인지라 행여나 바다에서 그 무슨 경제적 가치를 만들어내는 일을 할 것이라고는 상상도 안 해봤습니다. 그런데도 바다를 끼고 사는 곳이다 보니 어쩌다가 그렇게 엮여서 바다 일을 하게 되었습니다. 내가 그 공동체에 결합하기 전부터 이미 몇몇 언니들을 중심으로 몇 년째 해오던 일인지라 공짜버스 타듯 시작하게 되었습니다. 조금과 사리의 물때도 모를뿐더러 굴도 깔 줄 모르던 완전 초보가 한 3년을 같이 하다 보니 언니들의 도움 덕분에 이제 제법 남들 흉내를 낼 수 있습니다.

　농어촌 대부분의 일들은 남녀가 힘을 합쳐야 가능합니다. 특히 바다 일이라는 것이 워낙 거칠고 더욱이 굴 줍기는 많은 힘을 필요로 하기때문에 남성들의 손이 때때로 필요하게 되어있습니다. 이렇게 남녀가 공동으로 사업에 참여하면서도 여성들이 주도권을 갖는 것은 지극히 드문 경우이지요. 기백 만 원씩 공동으로 출자하여 바다 운영권을 사는 것부터 시작해서 장장 4개월 가까운 시간 동안 굴 사업장 운영에 여성농민이 주가 됩니다.

　올해로 10년 째 맞이하는 이 공동체는 몇 가지 특징이 있습니다. 공동의 출자금은 물론이거니와 생산 전 과정을 공동으로 진행하며 공동분배를 합니다. 과정에서 잡음이 생겨날 경우는 회의를 통해 민주적으로 결정하고 공동작업 외에 개별이 해야 할 일은 당번제로 운영하고 당번은 가벼운 수당을 받습니다. 출자자 이외에 작업에 참여할 경우에는 다른 곳보다 높게 임금을 책정합니다. 가급적 출자자 이외의 분들에게도 많은 이익을 돌려드리고자 함입니다. 운영과 총무 일을 도맡아 보는 이가 여성농민이며 여성들이 주가 되어 운영하고 남편들이 돕는 형태입니다.

김장철이나 설 즈음처럼 주문이 많을 때는 날이 새기 전부터 작업장에 나와서 밤까지 작업을 하는 날도 있습니다. 그럴 때 힘겨움을 가시게 하는 것은 단연 수다입니다. 사실 사람들이 모이면 내 아픈 이야기보다 남 이야기 하기가 쉽습니다. 지지적인 분위기가 아니고 경쟁적인 분위기에서는 더욱 그렇습니다. 이곳에서도 남 이야기가 주를 이루지만 때때로 누구에게도 말 하지 못 했던 자신의 얘기를 하게 되는 경우가 많습니다. 그럴 때면 어김없이 고생했다고 위로의 말들을 아끼지 않습니다. 상담소가 달리 있는 것이 아니지요. 때로는 노래 잘하는 언니가 힘찬 노래를 불러 분위기를 밝게 만들어 줍니다. 작업장이 노래방이 되기도 하는 것이지요. 그래도 올해는 날이 따뜻해서 일하기가 수월한 편입니다. 가끔 일이 힘들고 지쳤을 때 일이 생각과 다른 방향으로 가게 되면 갈등이 불거지기도 합니다. 누가 잘 했고 누가 못 했다고 언성이 높아지지만 역시나 서로가 서로에게 기대야 하는 상황의 연속이므로 결국은 서로를 보듬게 됩니다. 대부분의 사람살이가 그런 것처럼 말이지요.

여럿이 같이 일하는 것이 어렵다 해도, 한 번 잘 하기는 쉬울 것입니다. 하지만 힘든 일을 그 누구의 지원 없이 공동체 방식으로 10년 이상 운영을 해내기란 매우 어려운 일인 것에 틀림이 없습니다. 그 가운데는 몸 아끼지 않고 헌신적으로 일하는, 자신의 이익만큼 상대의 이익을 보장하고자 노력하는, 잘 나고 못남이 종이 한 장 차이에 불과하므로 서로를 보듬고 살아가야 한다는 것을 누구보다 잘 아는 여성농민들이 있습니다.

여성농민 공동체, 희망의 증거2

　언젠가 여성농민단체의 수련회에 가서 영화를 본 적이 있습니다. 분위기상 세계전쟁이 끝난 유럽의 어느 농촌마을을 배경으로 하는 외국영화였지요. 제목이 <안토니아스 라인>이니 우리말로 하자면 안토니아 일가 정도? 젊은 여성 안토니아가 친정엄마가 돌아가신 고향마을에 딸을 데리고 와서는 살림을 일구는 과정을 영화로 만든 것이었습니다. 그 과정에 청각장애가 있어 소외받는 마을사람을 농장에서 일하게 하고 결혼도 시켜주었고, 남자형제와 가족들에게 폭행당하는 여자아이를 돌봐주는가 하면, 정신질환이 있는 환자를 있는 그대로 존중해주는 것이었습니다. 지루하다고 평하는 분들도 계셨는데 나는 한 장면 한 장면을 집중해서 보았습니다. 본시 아슬아슬하거나 공포감을 주는 영화보다는 잔잔하게 삶의 고뇌를 담은 내용을 좋아하는지라 영화가 말하고자 하는 내용에 재미를 붙여 몰입을 한 셈입니다.

　감명깊게 본 영화를 몇 줄로 줄여서 말하자니 시시하기 그지없지만 영화가 던져주던 메시지는 오래도록 남아 있습니다. 자세히 보면 주위에 안토니아 같은 언니들이 많이 있지요. 품이 넓고 일을 야무지게 잘 하며, 멀리 바라보면서도 섬세하게 일하는 자세를 가진 우리들의 이모나 언니들이 있어 온갖 어려움에도 가정과 사회가 제대로 나아가는 것이 아닐까 하는 생각을 해보고는 합니다.

　바닷가 공동체 회원들의 한 언니 남편분이 여러 장애를 가지고 있어 정상적인 사회생활을 하지 못합니다. 대신 야무진 언니가 농사일이며 여러 일을 억척같이 해내어서는 살림을 꾸려가며 두 아이를 키웠습니다. 사람들은 이제 고생이 끝이라고들 합니다. 언니를 닮은 딸이 열심히 공부해서 공무원이 되었으니 언니의 헌신과 강한 생활력은 그렇게 보상이 되는 셈이라고 자타가 인정합니다. 허나 지금까지의 그 고생을 어찌 말로 다 하겠습니까? 그럼에도 항시 밝은 얼굴로 사람을 맞으며 상대방에게 힘을 주고 있으니 사람들은 그 언니랑 같이 있으려 하고 그 언니랑 짝이 되는 것을 좋아합니다.

언니의 남편분은 술과 담배를 하지만, 돈을 벌지는 않습니다. 돈을 벌지 않은 지 몇십 년이 되었다지요. 게다가 사람이 많이 모여 있는 곳을 피합니다. 듣자하니 예전에 뱃일을 할 때 사람들이 던진 말과 감정에 상처를 많이 받았다고들 합니다. 그런 아저씨께서 어느 날 평소답지 않게 작업장으로 와서는 언니에게 담배값을 달라고 했습니다. 전에 없던 일이라 놀라면서도 일을 하시라고, 누구나 일을 해야 먹고 살 수 있다며 먹히지도 않을 말을 새삼스레 강조했습니다. 이에 질세라 함께 일하던 언니들도 일하러 오시라고, 남자손이 많이 필요하다고 했습니다. 그렇게 말해놓고도 설마 일하러 오겠냐고, 일을 손 놓은 지가 얼마냐며 다들 한 마디씩 보태었는데…, 그 몇 일 뒤, 진짜 일하러 온 것입니다. 사람들은 저마다 격려를 아끼지 않으며 잘 왔다고, 하던 일이라 잘 할 것이라며 추켜세웠습니다. 일을 마치고 나면 술과 간식을 권하며 수고했다고 칭찬도 마다하지 않았습니다. 그러니 하루도 거르지 않고 굴을 채취하는 날이면 참석을 하시는 것입니다. 놀랄 일이지요? 단순하게 보면 아저씨의 변화인데, 그 변화의 중심에 뭐가 있었던 것일까요?

바닷가 공동체의 힘이겠지요. 힘센 자 중심의 수직적인 권력체계가 아니라 수평적으로 서로가 서로에게 의지하고 돕는 방식, 모든 사람을 있는 그대로 존중하는 방식, 지적보다는 칭찬과 격려로 배려하는 방식이 마음을 움직였던 것이겠지요. 여성들이기에 가능한 방식인 셈이지요. 그러니 안토니아 같은 언니들을 세상의 중심에 서노록 해야겠지요.

재촌탈농은 죽 이어지고

    본격적인 영농철이 돌아오니 괜스레 마음이 바빠집니다. 감자부터 심고 동부콩 넣을 준비며, 여름 농사를 지을 땅에 거름을 넣고 갈아야 하는데 봄비가 꽤 잦습니다. 봄비더러 일비라 하더니만, 아직은 아닙니다. 이런 날은 봄비 맞이 칼국수 번개모임을 하기 딱 좋지요. 비교적 가까운 옆 동네의 후배들을 찾습니다. 칼국수 먹게 00도 불러라 하니까 안 된답니다. 병원에 취직했답니다. 어머나, 이를 어째? 간이 철렁 내려앉습니다. 나는 농림부 장관도 아니고 도청 농정국장도 아닌데 이 젊은 여성농민의 탈농에 대해, 왜 이다지도 안타깝고 지역농업과 한국농업에 대한 걱정이 앞서는지 모르겠습니다.

    불과 얼마 전까지만 해도 만나서 이야기를 나눌라치면, 거름의 발효 정도를 알아보려고 손으로 찍어서 입에 넣고 맛을 본다는 남편과 그렇게 죽이 맞던 녀석이, 지난 여름 그 뙤약볕에서 비지땀을 흘리면서도 깔깔거리며 콩대를 같이 묶던 그 열정이 이대로 묻히게 된다니 안타깝기만 합니다. 그도 그럴 것이 그들은 지역에서 그 중 대농입니다. 농사의 규모나 상품성도 월등한 농가인 편입니다. 그래서 열심히 하면 농민도 살만하다고 말하며 소득을 자랑해 마지않았습니다. 그 신념의 어디에 틈이 있었을까요? 현실과 신념 사이의 메울 수 없는 간극이 얼마나 컸을까요? 남 보기에는 번듯한 농가가, 기실 그 내막이 퍽도 복잡했던 것이지요. 번듯해 보이는 우리 중 상당수가 그런 것처럼요.

    아마 60세를 넘긴 농가였다면 그 정도의 생산과 소득이면 별다른 생각이 없었을 것입니다. 하지만 40대 부부의 살림은 차원이 다릅니다. 이미 가계지출은 농업생산비 중심일 것인데도 농기계를 산다거나 창고를 짓는 등의 농업생산기반 비용도 계속 들 것이고, 무엇보다 매년 늘어나는 교육비에 걱정이 많았을 것입니다. 그러니 그 장고 끝에

탈농을 결심한 것이겠지요.

　직장생활도 힘들겠지만 뙤약볕 아래에서의 노동보다는 쉬울 것입니다. 쪼그리고 앉아 기는 작업이며 몇십 kg 넘는 농작물을 옮기는 작업도 없을 것이요, 비가 너무 많이 온다고, 태풍이 분다고, 봄가뭄, 늦서리, 한겨울 온난화 때문에 목매달 이유도 없을 것입니다. 매달 주어지는 소득은 농업소득보다 안정적이겠지요. 매월 소득이 있는 여성이 그렇지 못한 여성농민 보다 가정 내에서 지위가 높다는 것은 뻔한 사실이니까요. 이러니 젊은 여성들은 웬만하면 농사를 피하고 싶을 수밖에요. 간호조무사, 요양보호사, 카운터 캐셔, 주방보조 등등 엄청난 전문성이 아니어도 일할 수 있는 자리가 끝 없이 유혹을 합니다. 농사 짓지 마, 농사일이 얼마나 힘든데… 농사지어 봤자 네 통장도 없잖아, 게다가 너 얼굴이 그게 뭐니? 까만 딱지가 파리똥 같아… 환청이 들립니다.

　그때 생명을 키우는 농사야말로 으뜸이고, 농업이 세상의 근간이 된다는 것 말고도 소득이나 노동력 차원, 여성농민의 사회적 지위 때문에 이농을 고민할 필요가 없어야 하는 것이 우리가 가야할 농업과 농촌의 방향이 아니겠습니까? 누가 그런 말을 해주고 어떤 장치가 우리를 농업으로 끌어당기고 있나요? 농민단체 행사장의 축사에서나 들을 수 있는 말들 이외에 말이지요. 여성농민의 역할과 가치와 지위의 불균형이 정책으로 보완되어야 할 요소임을 알면서도 어디에서도 각론으로 못 들어가고 있습니다. 무엇을 손대야 할지 모르니까요.

　셋이 같이 칼국수를 못 먹게 돼서일까요? 왜 이렇게 화가 나고 속상한지 모르겠습니다. 셋이서 여성농민 바우처카드 들고 놀러 가자고 한 약속을 지키지도 못했는데 말입니다. 어느 길에, 지금 당신이 가는 길은 한국에서 가장 아름다운 길이라고 씌어 있던가요? 지금 젊은 여성이 농업을 떠나는 것은 한국 농촌에서 가장 슬픈 장면 중 하나입니다.

재촌탈농2

　계절이 바뀌는 이즈음이면 여기저기서 부고 소식이 날아듭니다. 소식을 접하게 되면 상주와의 관계 정도에 따라 마음속으로 고인의 명복을 빌기만 할 때도 있고, 조의금만 보낼 때도 있다만 아무리 바빠도 직접 조문해서 상주를 위로해야 할 때가 있습니다. 며칠 전에도 그랬네요. 이 바쁜 가을 농사철에 아는 언니의 친정아버님이 운명하셨다는 연통을 받게 되어서 일 끝나자마자 한걸음에 장례식장으로 갔습니다.

　눈자위가 빨개진 상주 언니를 잠시 위로하고는 조문객들끼리 이제 장례식에서나 만나지는 바쁨에 대하여, 다르고도 같은 서로의 일상을 나누었습니다. 그 자리에서 아주 오랜만에 한 언니를 만났습니다. 한때는 단체활동도 같이 하며 일상을 나누었는데 요즈음에는 얼굴 마주치는 일이 없어 궁금하던 차에 그렇게 만났으니 물어볼 것이 많았습니다.

　농사일 대신 요양보호사 일을 하고, 주말에도 파트 타임으로 다른 일을 겸한다고 했습니다. 그 많은 농사도 씨나락을 넣을 때만 손을 보태면 남편이 다 알아서 한다고 했습니다. 수도작 농사이니 기계화율 91%를 증명하는 셈인 것이지요. 대신 농기계값이 만만찮게 들 것이라는 추측을 덩달아 했습니다. 더 궁금한 것, 언니네 정도의 농사 규모면 굳이 바깥으로 경제활동을 나가지 않아도 되지 않나요? 단도직입적인 질문에 더 솔직하게 답변을 해줍니다.

너, 촌 실정 모르냐? 그래 너 말처럼 남편이 돈을 제법 번다, 2백 마지기가 넘는 쌀농사니까. 그런데 그게 우습게도 가을에만 돈이 나오다 보니 새 기계 사고 이자 넣고 농비 갚고 하면 다달이 들어가는 생활비나 애들한테 쓸 돈이 내게 안 주어진다, 라고 합니다. 맙소사, 갖가지 생각이 스치고 마음이 복잡해집니다. 여성농민을 재촌탈농하게 만드는 것이 이것이기도 하지요. 농사를 늘여도 돈이 안 되니까 바깥일을 택하기도 하고, 설령 농사를 많이 짓더라도 경제권이 안 주어지므로 실리를 쫓아 바깥으로 나가는 것이지요.

남편이 기천 만원 농업소득을 손에 쥐고 있으면서도 매달 생활비를 나눠 주지 못 하는 이유도 눈에 선합니다. 큰 기계들이 고장 나면 새 기계로 바꿔야 하니 무턱대고 생활비로 써 버릴 수도 없는 것이고, 남의 논에 도지세를 주다 보니 돈이 있을 때 괜찮은 농지라도 장만하고자 하는 마음이 더 앞서겠지요. 농민들은 자본주의적 이윤을 더 남기는 일보다 세습자산을 늘여 다음 세대에도 농사를 수월하게 짓도록 한다고 어느 학자가 말하더니 그 훌륭한 장점도 한국사회의 가부장성과 맞물려 상황이 이렇게 흘러가네요. 여성농민이 직업인으로 서기 어려운 이유도 참 가지가지입니다.

그나저나 농사가 있는데도 다른 일을 할 경우, 주말이나 휴일도 없이 틈틈이 농사일을 도와가며 일을 해야 할 텐데 그 고단함을 말해 무엇하겠습니까? 그렇게도 사네요. 이 훌륭한 언니들이 말이지요. 어디서든 멋집니다.

회장님 회장님 우리 회장님

　제아무리 철이 늦게 들더라도 꽃 안 피는 2월(음력) 없고 보리가 안 피는 3월이 없다 하더니, 철이 이른 요즘의 남녘은 벌써 꽃들이 만개했습니다. 매화, 산수유를 넘어 진달래, 개나리, 수선화, 벚꽃 등이 피는 것으로 보아 이제 중봄으로 넘어가나 봅니다. 꽃 중의 제일은 사람꽃이겠지요. 일전에 드디어 우리 지역에도 멋진 여성농민 단체가 하나 더 만들어졌습니다. 제일 값진 꽃이 피어났습니다. 얼마나 아름답게 피어날지, 또 제 이름값을 할 수 있을지는 시간이 조금 흘러야 알 수 있겠지만 일단 기대됩니다.

　다들 아시겠지만 단체를 새로이 만드는 일 중 제일 어려운 일은 역시나 회장을 선임하는 일입니다. 회장이 되어 단체의 많은 것을 책임진다는 데에 따른 부담 때문에 다들 꺼려하는 것이지요. 안 그래도 세상살이의 짐을 잔뜩 지고 사는데 또 다른 짐까지 걸머지려니 왜 아니겠습니까? 뭐 또 그 와중에 나서기를 좋아하고 얼굴 알리는 것을 가문의 영광쯤으로 여기는 이들도 있지요. 단체의 목적을 살리는 일보다 자신의 목적이 앞서 남 앞에 서려는 위인들이야 어디에나 있으니 말입니다. 그렇더라도 단체의 위상을 실추시키는 일이 아니라면 그런 상황도 수용하고 사는 것이 세상의 바다이겠지요. 어쨌거나 별 탈없이 회원들끼리 돌아가면서 맡는 게 제일 바람직하고 올바른 모양새이지요.

　보통의 경우에 그렇다는 얘기이고 특별한 명예나 이익이 걸려있을 경우는 양상이 아예 다르지요. 서로 하겠다고 난리 아닌 난리를 치는 경우를 많이 봐 왔으니까요. 선출직 정치인도 그렇고 큰 마을에는 이장선출도 복잡한 양상입니다. 그러나 명예도 이익도 없이 순전히 자기 보람과 봉사 중심의 단체, 그것도 여성농민 단체는 상황이 다릅니다. 서로 안 하겠다고 미루기 일쑤입니다. 여럿이 있을 때 떠밀려서는 마지못해 어렵게 결심하고서도, 돌아가서 고심고심 하다가 고사를 합니다. 이는 책임감 문제를 넘어선 것입니다. 일단 지명된 이후에는 어떠한 상황에도 받아들이게 마련인데도 심한 부침 끝에 고사하는 모습을 종종 보아 왔으니 이른바 사회공포증 때문이기도 합니다.

대부분의 여성농민들이 집안에서나 마을 단위로만 생활하다 보니 여러 대중들 앞에 서는 것이 어렵게 느껴지는 것이지요. 서는 것뿐만 아니라 대중 앞에서 연설을 요구받기도 하니 그 부담이 얼마나 크겠습니까. 사실 대중연설은 특별한 능력이 아닙니다. 다만 얼마만큼의 경험이 있냐에 따라 긴장감의 차이가 생기는 것이겠지요. 물론 언변이 별스럽게 뛰어나서 청중들을 울리고 웃기는 명 연사도 있지만 그런 욕심은 빼고, 그냥 인사말을 할 정도의 기술이면 되는데도 그조차 부담스러워 합니다.

이런 부담감은 대중 앞에 노출될 기회가 많으면 많을수록 작아지기 마련입니다. 그러니 농촌 지역의 여성들이 남 앞에 서는 일이 많아지게끔 해야겠네요. 잘 한다고 그 사람이, 촌 정서가 그렇다고 그 사람이, 무명씨라고 유명한 그 사람이, 하다가 여성농민은 뒤에서 받쳐주는 일만 하게 됩니다. 농촌 여성지도자를 키우는 일을 개별의 능력에만 맡긴다면? 지금의 상황보다 나아질 리가 없겠지요. 상당수의 배포 있고 자신감이 넘치며 섬세하고도 야무진 여성들의 힘이 사장되고 말게 됩니다. 이 힘이 농촌발전에 보태지면 훨씬 꿈틀거리는 농촌이 될 텐데도 말입니다.

낭만살이

　살다 보면 자신이 태어난 생일이랄지 결혼기념일이랄지, 심지어는 나라에서 정한 국경일도 뭐 그리 중하냐 싶어 놓치고 갈 때가 있습니다. 매 순간 충실하게 살지 않으면 생활이 보장되지 않는 척박한 농촌살이에서는 더욱 그렇습니다. 눈 뜨자마자 일로 시작해서 잘 때까지 일 속에 파묻혀서 살다 보면 세상의 흐름과 아무런 상관없이 살아질 때가 많습니다. 힘들고 바쁠 때는 유일한 휴식시간인 점심시간만 기다려지고, 잠자리에 들어서 다리를 뻗을 때가 제일 행복하게 느껴지기도 합니다. 먹고 잠자는 일 외에도 삼라만상 재미있는 일들이 하고 많은데도 그 시간이 제일 좋을 지경이니 말해 무엇하겠습니까? 가계비 중에서 식료품 구입 비중으로 가정경제 수준을 가늠한다던데, 그럼 하루 중에 무엇을 할 때 가장 행복하고 재밌냐는 질문에 따른 답으로 삶의 질을 규정하는 그런 생활척도검사는 없을까요? 있다면 필경 식사와 잠을 선택하는 계층이 가장 아래 분위에 있지 않을까 생각이 듭니다.

　이 바쁜 농촌에서 개인사적인 기념일을 챙기는 호사를 누리려면 적어도 자식을 다 키워낸 세대, 그것도 자식들이 번듯한 직장에 다니며 부모님께 감사함을 잊지 않고 보답하고자 하는 그런 집들이겠죠? 그 세대 전까지는 일에 파묻혀서는 죽이 끓는지 밥이 끓는지 모르고 살고 있을 것입니다. 그 와중에도 이른바 세대주로 불리는 남편과 아이들의 생일은 미역국을 동반한 생일밥상으로 챙겨질 것입니다. 또 세월이 많이 바뀌어서 젊은 남편들은 아내의 생일이나 결혼기념일을 챙기기도 합니다. 이른바 어중간한 세대는 지금도 자신의 생일을 누군가로부터 의미 있게 챙겨 받지 못하고 있을 것입니다. 아 물론 바빠서만은 아닐 것입니다. 농촌 여성들의 자리가 그러한 것이지요. 끝없이 누군가를 돌보는 삶이면서 정작 자신은 누군가로부터 돌봄을 받지 못하는 것이지요. 어쩌면 누군가를 돌보기 위해 만들어진 에너지가 스스로는 또 다른 누군가의 돌봄 없이 살아갈 수 있도록 힘을 갖게 되었는지 모를 일입니다. 하지만 사람은 사람과의 관계에서 행복을 느끼고 성장할 수 있으니 일방적인 돌봄에 가끔씩 지치게 되고, 세상에 대한 뜬금없는 원망이 생기게도 합니다.

이런 사정을 일찍부터 봐온 이웃 마을의 언니들이 생일계 모임을 한답니다. 아무리 봐도 누가 내 생일에 미역국을 끓여 주거나 축하해주는 이가 없으니 스스로를 챙기는 의미로 생일계모임을 시작한 것이지요. 그것이 족히 10년은 넘었다 합니다. 계원의 생일날 저녁에 같이 식사를 하며 자축을 하는 방식이라나 뭐라나. 하긴 뭐 생일을 가족끼리만 챙겨야 한다는 것이 헌법 전문에 씌어 있는 것도 아닐 테니 오히려 권장할 만한 일인 듯합니다. 어쨌거나 생일계 모임에서조차 여성농민들의 정서가 그대로 반영되고 있습니다. 누구보다 주체적이고 독립적이며 그래서 따뜻한 삶의 자세가 생일 챙기기에도 나타나는 것이지요. 낯설고 물선 곳에 시집와서 기댈 곳 없이 살아가다가 같은 처지의 여성들끼리 서로를 연민하고 그래서 쉽게 연대하고 어울리게 되었는지도 모릅니다. 그러고 보니 여성들은 낯선 사람들끼리도 어쩐지 쉽게 친해지고 어울립니다. 서로를 경계하기보다 마음의 문을 열고서 받아들이기 때문이겠지요. 하긴 어떻게 쌓은 부(富)인지는 몰라도 지킬 것이 많은 집의 담벼락은 높기도 하고 구석구석에 CCTV를 설치해서 다른 사람의 접근을 막지만, 서민들 집의 담벼락은 마당이 훤히 보일 정도로 해서 이웃이 쉽게 드나들 수 있도록 하는 우리네 삶과 크게 다르지 않습니다.

그러고 보니 내 생일도 마찬가지였습니다. 이제 다 큰 아이들은 엄마의 생일을 문자로 기억해주지만 징작 함께 머리 맞대고 살아가는 식구들은 미리 신호를 주지 않으면 예사로 잊어먹곤 하니까요. 새삼스레 나를 기억해달라고 징징거릴 것 없이 벗들과 생일계를 만들어 그대들과 함께하는 내 삶이 더 행복하다고 말해야 하겠습니다. 가족끼리의 행복만을 지상 최대의 낭만인 것처럼 세상은 말하지만, 가족은 기본이고 이웃이나 벗들과 함께하는 인생도 버금가는 즐거움이라는 것은 우리가 더 잘 알지요. 농촌살이가 갈수록 척박해진다고 염려들이 많습니다만 그 가운데서 이런 낭만조차 없다면야 무슨 재미가 있겠습니까. 낭만은 누가 택배로 갖다 주는 것이 아니라 스스로 만드는 것이겠지요. 서로의 기념일을 챙기는 것을 기본으로 해서 조금은 따뜻한 겨울이 되었으면 하는 바람을 가져봅니다.

새지매 공동체

지역에 새로이 여성농민 생산공동체가 하나 생겼습니다. 겨울 바다작업을 같이 하던 언니들과 함께 모여서 만든 것이지요. 그 첫 사업이 우리가 생산한 마늘쫑과 마늘로 장아찌를 담궈서 판매하는 일입니다. 바쁜 농번기에도 함께 모여 공동작업을 해내며 우리의 활동을 계획하고 점검해냈습니다. 일을 하는 내내 이 바쁜 철에 혼자서는 절대 안 하고 못 할 일이라며 서로를 위로했습니다. 그리고는 며칠 전 인근 마을장터(이도 마을청년회와 부녀회가 처음 시도한 값진 자리)에 참여해서 시장성을 엿보았습니다. 결과는 첫술에 배부르랴! 였습니다만 야릇한 설렘을 맛보았습니다.

참으로 오랫동안 고민해서 만들어졌고 그런 만큼 조심스러운 출발이었습니다. 현장에서 외부의 지원이나 개입 없이 어떤 목적(소득이나 사회적 가치 등)을 지닌 공동체를 조직한다는 것이 얼마나 어려운 것인지를 온몸으로 느끼는 시간이었습니다. 다른 사람과 생각을 맞추고 나눈다는 것이 생각만큼 쉽지 않으니까요. 말로는 힘든 일일수록 같이 해야 한다고 하면서도 구속력 있는 공동체를 꾸리고자 하면 고개를 흔듭니다. 공동으로 시작한 일이 유종의 미를 거두기 어려웠던 여러 경험을 많이 갖고 있습니다. 그러함에도 이런 출발이 가능했던 것은 겨울 바다 작업으로 이미 공동체 생활을 해 왔던 터라 지도력, 협동, 분배 등의 원칙이 서 있었기 때문입니다. 다만 농가공에 있어서도 가능할지 걱정이 앞섰던 것이고, 확실한 실체에 대한 두려움이 있었던 것입니다.

5명 공동체 구성원을 보자면 귀촌한 지 10년 쯤 된 한 분이 계시고 나머지는 소농분들입니다. 그중에는 혼자 농사를 짓는 분도 계십니다. 그러니 혼자 농사짓기 힘들다고 농사를 때려치우고 요양보호사를 해볼까, 식당에 일을 가볼까를 때때로 고민하기도 했다합니다. 몸과 돈만을 생각한다면 일을 나가는 것이 훨씬 낫다고 하면서도 막상은 수십 년동안 해오던 농사일을 버리기가 아까웠던 것이지요. 대부분의 농민들이 농사에 대한 애증이 있듯 말입니다. 거창하게 보자면 소농 조직화로써 로컬푸드 운동의 핵심이자 오늘날 한국 농업의 중요한 전략 중 하나인 셈입니다. 현재의 농사구조에서 소농의 소득과 보람을 높여 생산자로서의 가치를 높여내는 공동체로 말입니다. 여성농민의 사회적 가치 확대는 말할 것도 없지요.

평생 몸에 일이 익은 현지 분들과 달리 귀촌 10년차 분은 들일이 익숙하지가 않습니다. 그러니 까닭없이 소외 받기 일쑤이지요. 그런 분께서 농가공에서는 엄청난 힘을 발휘합니다. 상대적으로 시간여유가 많으니 공동체사업에 더 많이 집중하고 장아찌를 만드는 데에도 공력을 많이 들이며 그런 만큼 이전에 없던 표정이 살아납니다. 이 지점도 귀농귀촌자들에게 시사하는 바가 큽니다. 젊은 귀농·귀촌자에게는 더없이 필요한 일이기도 할 것입니다. 농민의 생산력과 귀농·귀촌인들의 가공·마케팅·정보력과 엮인다면 훨씬 수월하게 공동체를 운영할 수 있으니까요. 기반이 안 잡힌 이들에게도 소중한 장이 되겠지요.

우리가 생산한 농산물로 소규모 농가공을 통해 소득을 높이고 소농의 사회적 가치를 살려내자는, 작지만 원대한 목표를 실현할 날이 언제나 올지 시어머니도 며느리도 모를 일이지만 출발만으로도 기분이 좋습니다. 이런저런 일로 기분좋을 때가 더러 많지만, 내일을 꿈꾸고 계획할 때가 가장 눈이 빛나고 힘이 생겨난다는 것을 새삼 확인했습니다. 막걸리 한 잔 올리며 '고시레'하는 것을 잊었지만 잘 되겠지요? 안 될 걱정은 안 하렵니다.

※ 새지매는 남해 말로 작은어머니입니다.

우리 안의 미자씨

초복을 지난 지금이 우리 지역에서는 제일 한가한 때인가 봅니다. 깨밭도 다 매고, 콩밭도 잡초가 못 자랄 만큼 숲이 우거져 있습니다. 아직 고추는 익지 않아서 간간이 병해충 방제를 하는 것으로 충분합니다. 줄진 논바닥만 보일 정도로 벼가 자랐지만 항공으로 공동방제를 하는 통에 농약 치고 약줄 잡으며 부부간에 싸우는 일도 이제 그 옛날 전설이 되고 말았네요.

이럴 때면 마을회관이나 정자나무 아래, 또는 도량이 좋아 마음의 가시가 없는 사람의 집으로 일없는 사람들이 모여듭니다. 때마침 무성하게 자란 호박잎 아래 탐스럽게 매달린 호박을 따서 넓은 대야에, 거짓말 좀 보태면 온 마을 사람들이 나눠 먹을 수 있을 만큼 반죽을 갭니다. 다른 전과 달리 호박전은 약간 달큰한 맛이 나게끔 설탕도 조금 넣습니다. 사람들의 입맛은 놀랍도록 섬세하게 발달되어 있지요. 만약 부추 고추전에 단맛이 돌면 무슨 맛이 이러냐며 안 먹을 것을, 호박전만큼은 달큰하게 해먹으니 식재료에 따라 귀신같이 음식맛을 조화롭게 만들어내는 게 그저 신기할 따름입니다.

사람들이 모였으니 부침개만 먹을 리는 만무하고 내친김에 지난 겨울에 먹다가 얼려둔 물메기포도 물에 불려서 졸입니다. 기름진 호박전에 물릴까봐 장아찌나 갓 담은 열무김치도 내놓습니다. 얼렁뚱땅 장만한 음식이 주안상 아니 수라상이라 해도 무색하지 않습니다. 대낮에 읍내 병원에 다녀오신 할머니께서는 곧장 회관에 눌러앉은 터라 외출복 차림을 하시고는 저녁까지 해결하고 집으로 들어가실 작정입니다. 이야말로 아직도 이어지는 농촌살이의 참재미지요.

한여름 호박전 잔치를 주관한 이가 바로 미자씨입니다. 미자씨는 몇 해 전 아저씨께서 병환으로 돌아가셔서 혼자 농사일과 바다일을 하는 억척 여성농민입니다. 혼자 농사일을 하면서도 운전을 잘 해서 동네 어르신들을 목욕탕에도 태워 다니고 오일장도 같이 다니며 인정을 베풀고 살기에 미자씨의 집은 언제나 사람들이 북적댑니다. 언니가 어디로 멀리 나들이를 갈라치면 언제 올거냐고 빨리 오라고 성화들이지만 미자씨는 귀찮게 여기지 않습니다. 그 또한 재미로 여기며 정을 나누고 사는 듯 보입니다.

음지편 마을 미자씨의 선행이야 인근 사람들이 다 알도록 소문이 나 있지만 사실 따지고 보면 음지편 마을뿐만은 아닙니다. 마을마다 그런 분들이 있습니다. 사람을 좋아하고 일을 겁내지 않고 상황에 따라 능동적으로 임하며 일머리를 잘 돌리는 우리들의 미자씨 말이지요. 그런 분들이야말로 농촌 공동체를 유지 발전시키는 주체들입니다. 그런데 묘하게도 혼자 사는 여성분들이 이런 역할을 잘 하더란 말입니다. 남편이나 가족의 시집살이를 끝낸 시점에 이제 귀찮아서라도 마다할 일을 다시금 주변을 돌보고 챙기는 역할을 해내는 것이지요.

자청해서 돌봄노동을 아끼지 않는 우리들의 미자씨는 곧 오래도록 주변을 돌보아온 여성농민의 습성에서 나오는 것이겠지요. 어쩔 수 없이 주어진 농촌 여성의 삶에서 스스로도 그러하거니와 다른 사람의 고단함을 이해하고 공감하며 다다르게 된 삶의 경지일 것입니다. 누구를 탓하지 않고 무언가가 손쉽게 이루어지길 바라지 않고 묵묵히 주변과 어울려 사는 미자씨의 삶에서 우리들의 삶을 읽습니다.

희망방정식

홍매가 꽃샘추위를 뚫고 소박하고도 당당하게 꽃을 피웠습니다. 딱 이맘 때 어디에 쯤 봄이 오는 지 알고자 3년 전에 마당가에 한 그루를 심어 두었습니다. 키위밭으로 가는 마을 안길에 거무튀튀한 퇴비가루가 조금씩 흘러 있습니다. 길에서 만나는 이른 봄날의 퇴비는 정겹습니다. 아마도 경운기에 싣고 가던 것이 얕게 패인 포장길에 덜컹거리다가 떨어졌나 봅니다. 이제 슬슬 일철이 다가온다는 것이지요. 정월 대보름이 지난 요즘, 붉게 번 홍매처럼 농민들도 슬슬 기지개를 폅니다. 꽃 따위는 안 심어도 봄이 오는 것은 여러 가지로 알 수 있는데 철을 모르고는 마음의 사치를 했더니 눈만 호사합니다.

농민들의 한 해가 또다시 시작됩니다. 예전에는 걱정 반 기대 반으로 농사를 시작했다면, 지금은 걱정 8 기대 2쯤이라고 보면 될까요? 그것도 과한가? 올봄, 유난히 아픈 농사이야기가 많습니다. 무엇을 심어야 농사가 제 값을 할지, 1억 매출의 포도농가가 폐원을 결정했다는 이야기에도 가슴이 철렁 내려앉고, 값싼 냉동고추가루 대신 돈이 되는 건고추가루 밀수가 극에 이른다는 이야기, 한우 값이 비싼데도 언제 값이 떨어질지 걱정이 돼서 입식 결정이 잘 안 되어 갈팡질팡하노라고, 나락값 폭락에 나락논을 내놔도 경작해보겠다고 달려드는 사람이 없다는 노인들의 한숨이 회오리바람처럼 마을의 이곳저곳을 휘감아 돕니다. 이런 농민들과 달리 새삼스레 검은 자동차들이 마을을 돌며 빈집이나 노는 땅 살 수 없냐고 묻습니다. 불경기에 마땅히 투자할 곳이 없다 보니 땅에다가 돈을 묻어둘 모양입니다. 같은 세상 다른 사람들의 풍경입니다. 농민들의 한숨이 어제오늘의 이야기가 아니니 구태여 말할 것이 뭐 있겠냐만 그 정도가 더 심해진다는 것이겠지요. 그러니 대농은 규모를 더 확장하려, 소농은 이것저것 뭐라도 더 심어보려 잠시의 틈도 없이 농사의 노예가 되어가고 있지요.

흔히 하는 위로의 말로 하늘이 무너져도 솟아날 구멍이 있고, 쥐구멍에도 볕이 들날 있다고 분명 어디엔가 희망이 똬리를 틀고 있을 것인데, 잘 보이지가 않는다는 말입니다. 어디에 있을까? 어디에… 어디에 있기는요, 요기 있지. 마을을 잘 가꾸는 민자이장님, 모두를 품어안는 마을공동체, 오는 사람 반기고 가는 사람 기억하는 우리들의 고향 어머님, 좋으나 굳으나 미풍양속을 이어오며 농촌을 지키고 살아가는 농민, 그 중에서도 품 넓고 책임감 있고 야무진 여성농민들에게 희망이 있지요. 허나 아무리 잘 나고 훌륭한 여성농민도 개별로는 그릇된 세상의 큰 물줄기를 거스르기도 돌리기도 어렵겠지요. 개인은 세상 따라 살 수 밖에 없으니까요. 그런데 뭉치면? 말이 달라집니다. 농가도우미 제도를, 여성농민 조합원 가입을, 학교급식을, 여성농민육성법을 만들어 새발의 피 만큼이라도 우리들이 희망을 갖도록 바꿔왔던 것이지요. 지나칠 만치 수용적이고 책임감이 강하다보니 가정을, 마을을, 어쨌거나 자기가 소속된 단위를 지키느라 세상의 큰 물줄기로부터 소외되어 있습니다. 세상살이가 아무리 어려워도 제 모양을 하고 굴러가는 것은 아마도 여성의 힘이라고 (이 연사) 크게 외쳐봅니다. 그러니, 그러하니 이제 다음 순서는 그 책임감으로 세상 밖으로 진군을 해야하겠지요? 여성의 강점은 무엇보다 연대하는 것입니다. 이웃과 잘 지내고 주변사람을 잘 챙기는 것이 연대의 참 모습입니다. 여성농민만큼 굳건하게 연대하는 이들이 어딨습니까? 그 힘으로 농업정책을 바꾸자고, 어떻게 바꾸냐 하면 내가 살아온 방식, 우리들이 살아온 방식 속에서 지혜를 구하면 된다고, 잘난 사람만 앞에 나설 것이 아니라 고만고만한 우리가 우리의 세상을 책임지겠다고 나서야겠지요.

이제까지 살아온 방식이 있다보니 우리 스스로 알을 깨 부수고 나서기가 쉽지 않다만, 적어도 농업에 관한 한, 우리 지역에 관한 한 하늘에서 떨어지거나 땅에서 솟는 현자나 위인은 없는 듯합니다. 새봄에 우리의 연대만이 희망이라고 외쳐봅니다.

여성농민이 쓰는
여성농민 이야기

우리는 아직 철기시대에 산다

초판	2019년 11월 27일
재판	2020년 8월 1일
지은이	구점숙
펴낸이	심증식
편집 디자인	뉴톤 커뮤니케이션스
펴낸곳	도서출판 한국농정
등록	제318-2007-000115호
주소	서울특별시 용산구 한강대로40가길 7 풍양빌딩 5층
	전화 : (02)2679-3693 / 팩스 : (02)2679-3691
전자우편	kplnews@hanmail.net
홈페이지	www.ikpnews.net

값 15,000원
ISBN 979-11-89014-05-6